수학이 쉬워지는 강추수학

개념완성

수학이 쉬워지는
개념북

기본이 튼튼하면
가지가 무성하고 번영합니다.

이 책은 수학을 가까이 하기 힘들고 수학 앞에서 한없이 작아지는 학생들에게 수학이 쉬워지고 수학이 좋아지도록 기초 개념을 다지기 위해 만든 책입니다.
이 책으로 공부하면 '나도 할 수 있다'는 자신감을 갖게 되어 자신도 모르게 수학 공부의 즐거움을 알게 될 것입니다.

이 책의 구성과 특징

본책 수학이 좋아지는 개념북

개념+문제가 쉽다

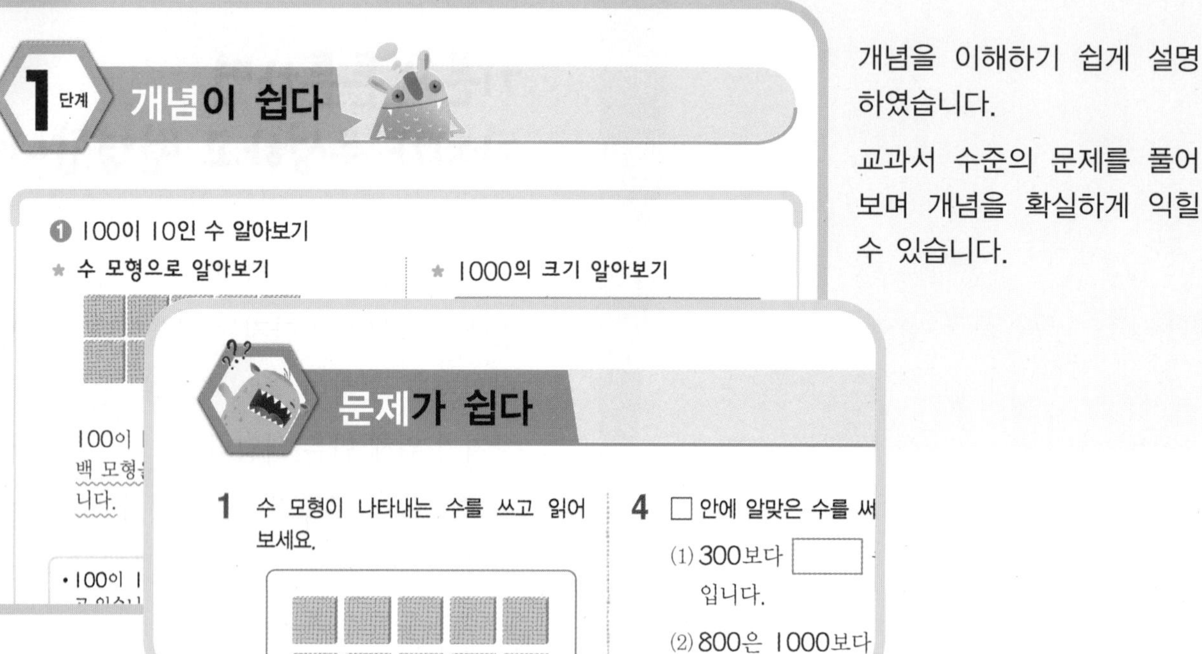

개념을 이해하기 쉽게 설명하였습니다.

교과서 수준의 문제를 풀어보며 개념을 확실하게 익힐 수 있습니다.

2단계 계산이 쉽다

2단계 계산이 쉽다 100이 10인 수 알아보기

[1 ~ 8] □ 안에 알맞은 수나 말을 써넣으세요.

1 100이 10이면 □입니다.

2 1000은 □이라고 읽습니다.

3 1000은 700보다 □ 큰 수입니다.

기본 문제를 반복적으로 풀어 보면서 실력을 향상할 수 있습니다.

단원이 쉽다

3단계 단원이 쉽다

1. 네 자리 수

01 수 모형을 보고 □ 안에 알맞은 수를 써넣으세요.

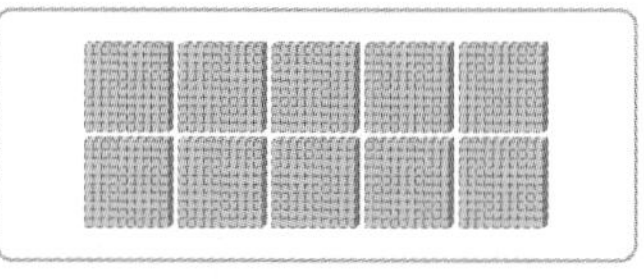

100이 10개이면 □입니다.

02 □ 안에 알맞게 써넣으세요.

04 다음 중 나머지 넷과 다른 하나는 어느 것일까요? ··························( )

① 990보다 10 큰 수
② 800보다 200 큰 수
③ 999보다 1 큰 수
④ 900보다 100 작은 수
⑤ 500보다 500 큰 수

05 □ 안에 알맞은 수나 말을 써넣으세요.

100이 30개이면 □이라

학교 단원평가에 자주 출제되는 문제를 수록하였습니다.

다양한 문제를 풀어 보며 평가에 대비할 수 있습니다.

부록 수학이 쉬워지는 워크북

쉬운 개념 체크

1. 네 자리 수

쉬운 개념 체크

100이 10인 수 알기

정답 25쪽

1 수 모형을 보고 □ 안에 알맞게 써넣으세요.

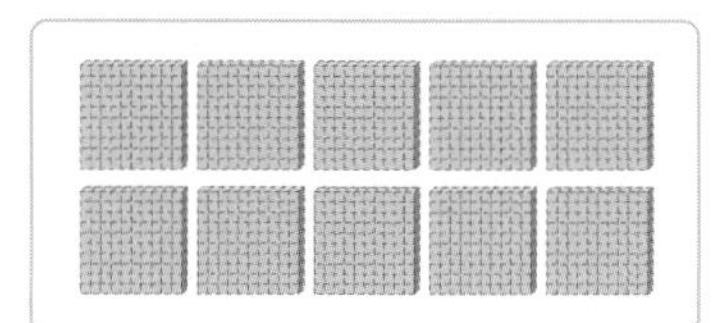

(1) 100이 6이면 □이고, □이라고 읽습니다.

(2) 100이 10이면 □이고, □이라고 읽습니다.

4 □ 안에 알맞은 수를 써넣으세요.

(1) 1000은 900보다 □ 큽니다.

(2) 1000은 300보다 □ 큽니다.

(3) 1000보다 400 작은 수는 □입니다.

(4) 1000보다 □ 작은 수는 500입니다.

5 1000은 10이 몇인 수일까요?

기본 문제를 풀어 보며 개념을 한번 더 체크할 수 있습니다.

개념북 수학이 쉬워지는

차례

2-2

1 네 자리 수

1. 100이 10개인 수 알아보기
2. 몇천 알아보기
3. 네 자리 수, 각 자리의 숫자는 얼마를 나타내는지 알아보기
4. 뛰어 세기
5. 어느 수가 더 큰지 알아보기

이야기로 알아보기

산신령이 되겠다고
찾아왔는데
맨날 청소만 하다니...

우리가 여기 온지
얼마나 됐지?
어디보자..

100일이 10번이
될 때까지
있었네.

100이 10이면
1000이군..
천이라고
읽지.

천일동안 맨날 청소랑
심부름만 시키다니 오늘은
신령님께 꼭 따지고 말테다!

시..신령님!
나한테 무슨 할말이
있는게냐?

어째서 산신령이 되는
법은 안 가르쳐주시고
맨날 청소만
시키시는
겁니까?!

1325는 1000보다 큰 수니깐 청소를 천일보다 더 오래 하셨네요.

$1000 < 1325$

1단계 개념이 쉽다

❶ 100이 10개인 수 알아보기

★ 수 모형으로 알아보기

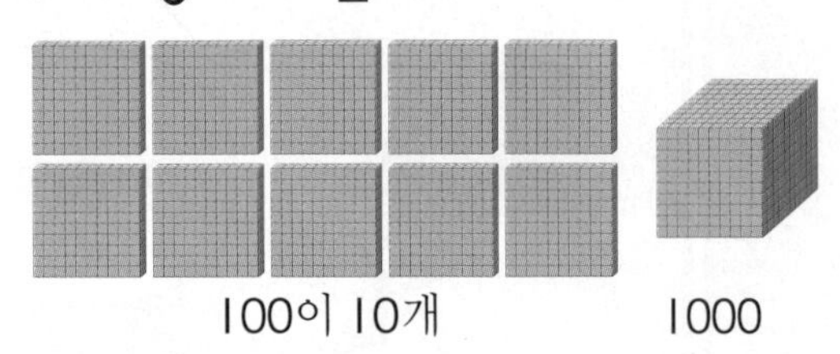

100이 10개이면 1000입니다.
백 모형을 10개 모으면 천 모형이 됩니다.

1이 10개이면 10, 10이 10개이면 100, 100이 10개이면 1000

• 100이 10개이면 1000이라 쓰고 천이라고 읽습니다.

★ 1000의 크기 알아보기

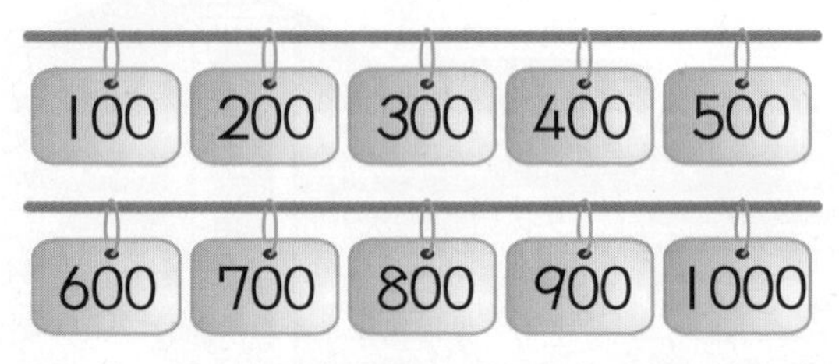

1000은 700보다 300만큼 더 큰 수입니다.
1000은 800보다 200만큼 더 큰 수입니다.
1000은 900보다 100만큼 더 큰 수입니다.

• 1000은 999보다 1만큼 더 큰 수입니다.
• 1000은 990보다 10만큼 더 큰 수입니다.
• 1000은 900보다 100만큼 더 큰 수입니다.

[1 ~ 2] 100원짜리 동전이 10개 있습니다. □ 안에 알맞게 써넣으세요.

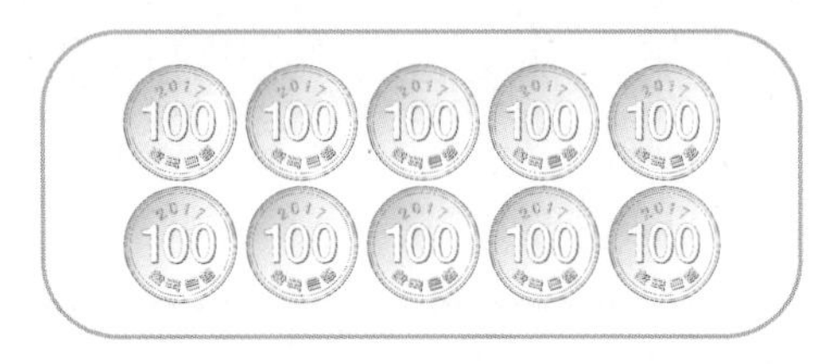

1 100원짜리 동전 2개는 □원이고 □원이라고 읽습니다.

2 100원짜리 동전 10개는 □원이고 □원이라고 읽습니다.

3 수직선을 보고 □ 안에 알맞은 수를 써넣으세요.

600 700 800 900 1000

(1) 1000은 600보다 □만큼 더 큰 수입니다.

(2) 1000은 700보다 □만큼 더 큰 수입니다.

(3) 1000은 800보다 □만큼 더 큰 수입니다.

(4) 1000은 900보다 □만큼 더 큰 수입니다.

문제가 쉽다

정답 1쪽

1 수 모형이 나타내는 수를 쓰고 읽어 보세요.

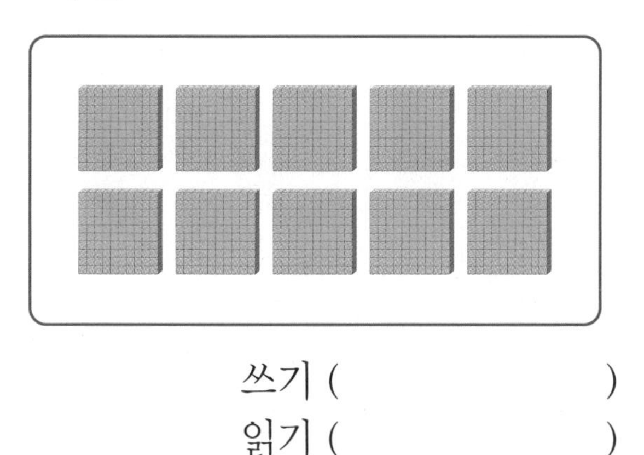

쓰기 (　　　　　　　　)
읽기 (　　　　　　　　)

2 빈칸에 알맞은 수를 써넣으세요.

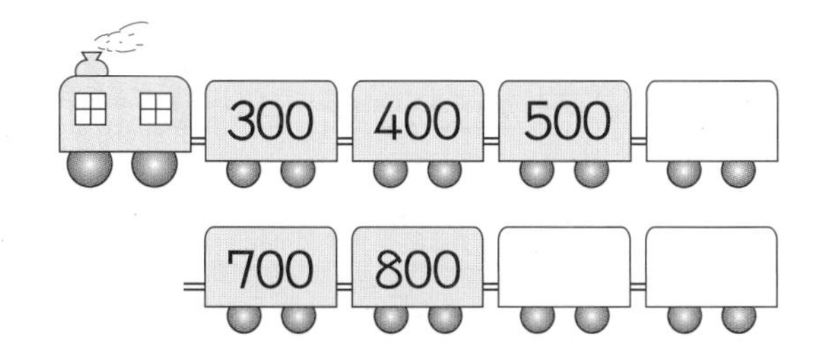

3 어린이들이 말한 수는 모두 같은 수입니다. 어떤 수일까요?

지용: 900보다 100만큼 더 큰 수입니다.
태양: 990보다 10만큼 더 큰 수입니다.
대성: 999보다 1만큼 더 큰 수입니다.

(　　　　　　　　)

4 □ 안에 알맞은 수를 써넣으세요.

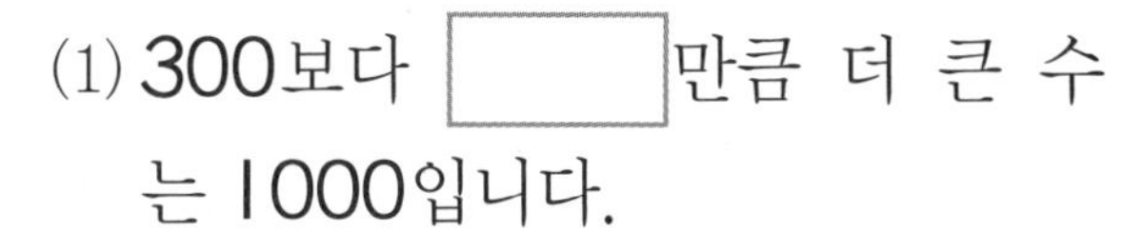

(1) 300보다 □만큼 더 큰 수는 1000입니다.

(2) 800은 1000보다 □만큼 더 작은 수입니다.

(3) 600은 1000보다 □만큼 더 작은 수입니다.

5 다음 중 1000을 잘못 나타낸 것을 고르세요.

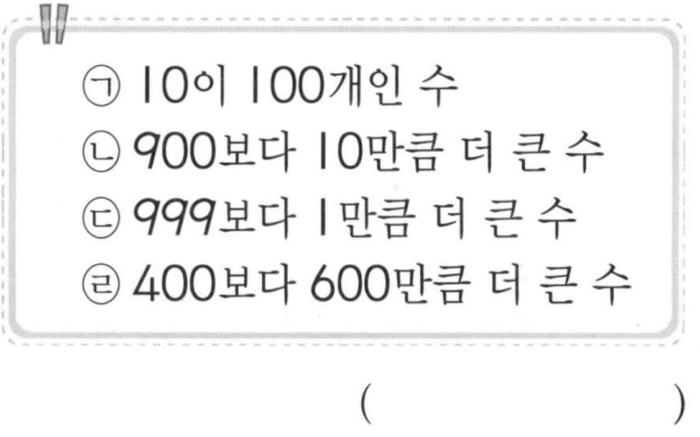

㉠ 10이 100개인 수
㉡ 900보다 10만큼 더 큰 수
㉢ 999보다 1만큼 더 큰 수
㉣ 400보다 600만큼 더 큰 수

(　　　　　　　　)

6 윤호는 다음과 같이 동전을 가지고 있습니다. 1000원이 되려면 얼마가 더 있어야 할까요?

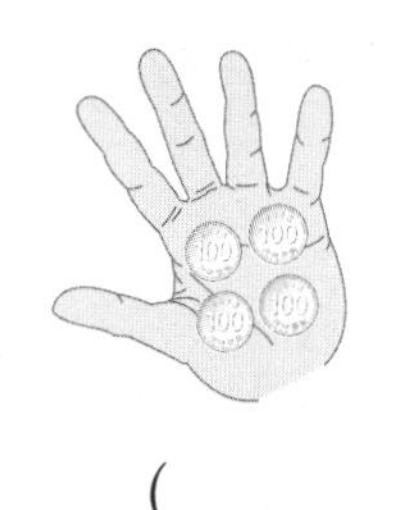

(　　　　　　　　)원

1 단원

1 단계 개념이 쉽다

② 몇천 알아보기

★ **2000, 이천**

100이 10개이면 1000입니다.
100이 20개이면 2000입니다.
천 모형이 2개이면 2000입니다.

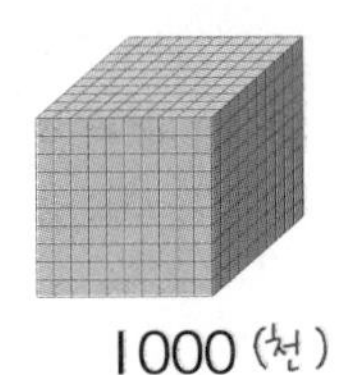

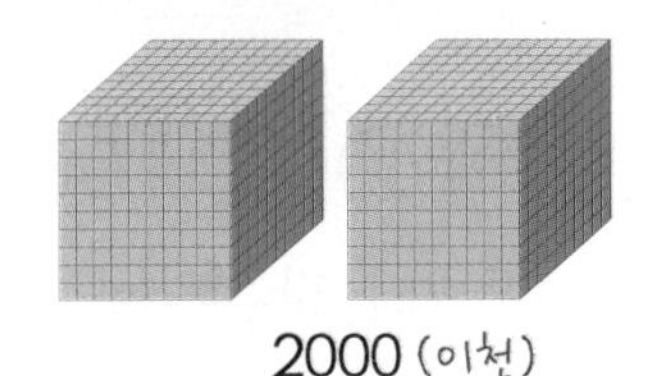

1000 (천) 2000 (이천)

- 1000이 2개이면 2000입니다.
- 2000을 이천이라고 읽습니다.

★ **몇천 알아보기**

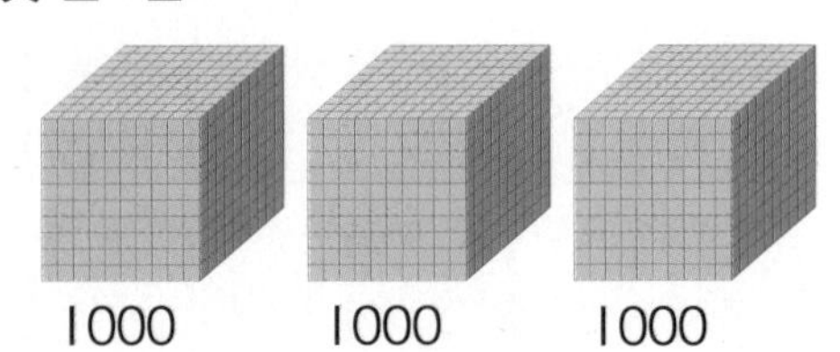

1000이 3개인 수는 3000, 삼천입니다.

1000이 4개 ←
4000(사천), 5000(오천), 6000(육천)
7000(칠천), 8000(팔천), 9000(구천)
1000이 8개 1000이 9개

- 1000이 ★개인 수는 ★000이고 ★천이라고 읽습니다.

1 그림을 보고 물음에 답하세요.

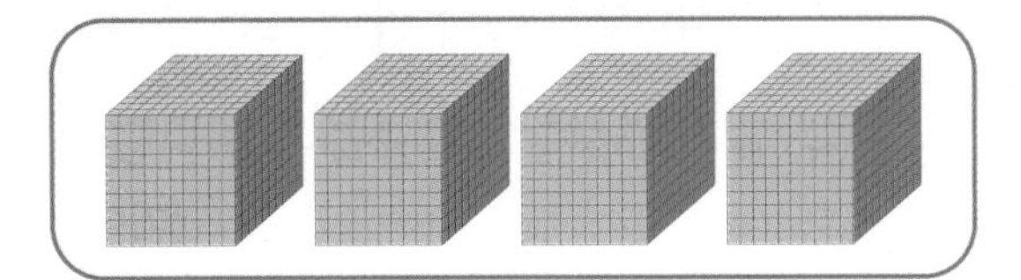

(1) 천 모형이 1개이면 얼마일까요?

( )

(2) 천 모형이 2개이면 얼마일까요?

( )

(3) 천 모형이 3개이면 얼마일까요?

( )

(4) 천 모형이 4개이면 얼마일까요?

( )

2 다음 수를 쓰고 읽어 보세요.

(1) 1000이 7개인 수

쓰기 ( )
읽기 ( )

(2) 1000이 9개인 수

쓰기 ( )
읽기 ( )

3 돈은 모두 얼마일까요?

( )원

문제가 쉽다

정답 1쪽

1 수 모형이 나타내는 수를 쓰세요.

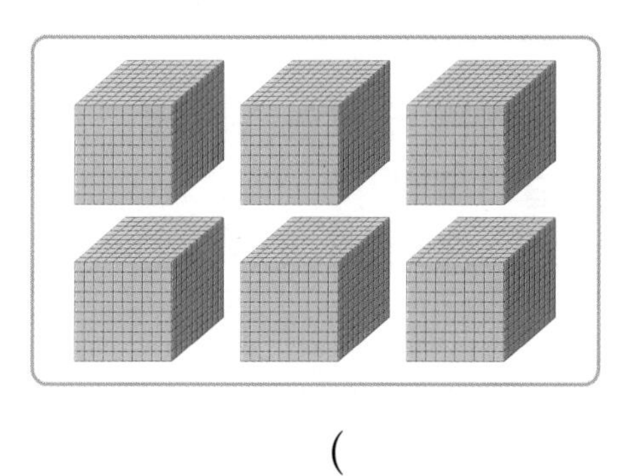

(　　　　　　)

[2 ~ 4] □ 안에 알맞은 수나 말을 써넣으세요.

2

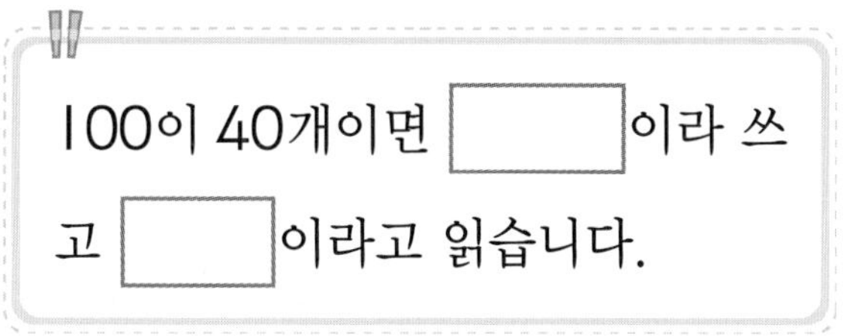

100이 40개이면 □이라 쓰고 □이라고 읽습니다.

3

9000은 □이 9개인 수입니다.

4

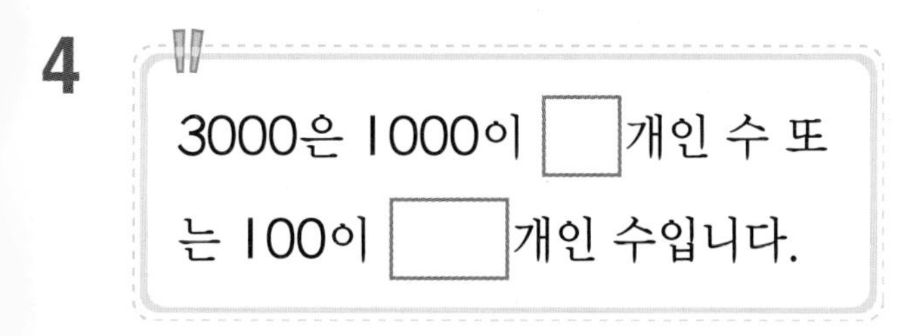

3000은 1000이 □개인 수 또는 100이 □개인 수입니다.

5 관계있는 것끼리 선으로 이어 보세요.

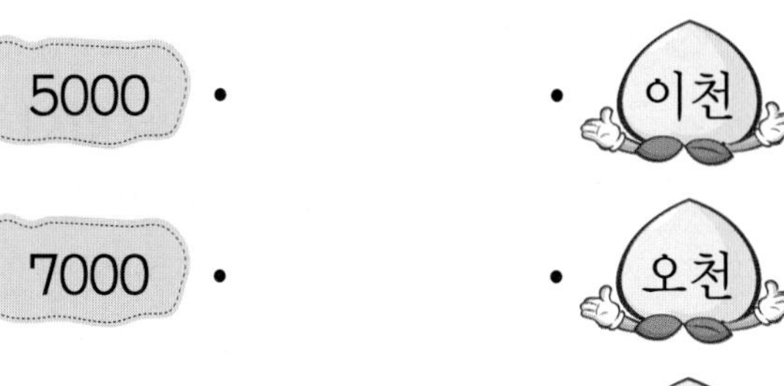

5000 • 　　• 이천

7000 • 　　• 오천

2000 • 　　• 칠천

[6 ~ 7] 100원짜리 동전을 10개씩 6묶음으로 쌓았습니다. 물음에 답하세요.

1000원씩

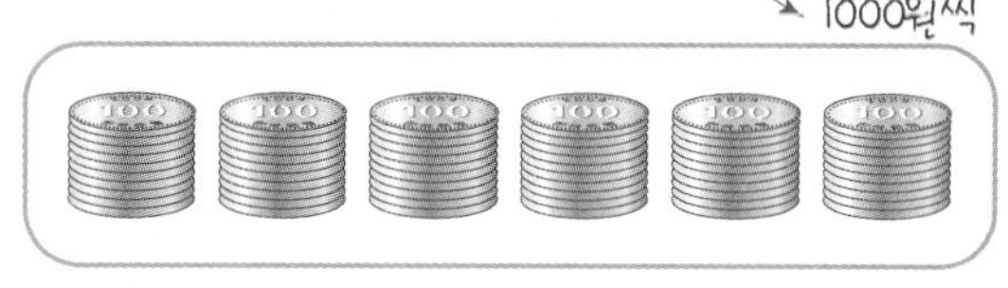

6 동전 1묶음은 얼마일까요?

(　　　　　　)원

7 동전은 모두 얼마일까요?

(　　　　　　)원

8 소율이는 서점에서 5000원짜리 책 한 권을 샀습니다. 책값으로 1000원짜리 몇 장을 내야 할까요?

(　　　　　　)장

1 단원

1 단계 개념이 쉽다

③ 네 자리 수, 각 자리의 숫자는 얼마를 나타내는지 알아보기

★ 수 모형으로 네 자리 수 알아보기

수 모형이 천 모형 3개, 백 모형 2개, 십 모형 4개, 일 모형 5개이면 3245입니다.

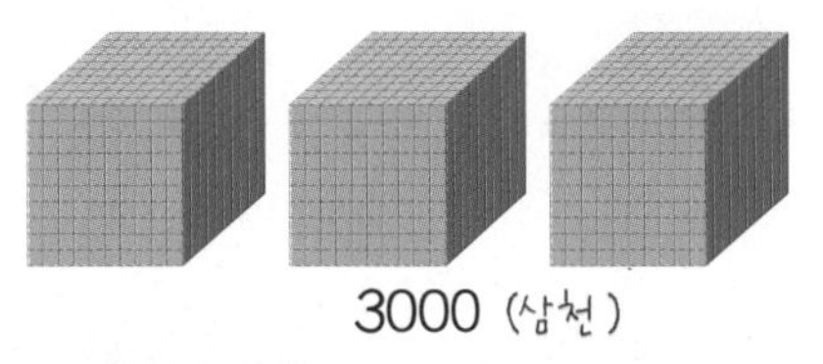

3000 (삼천)

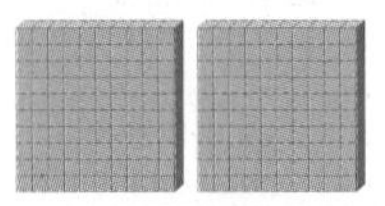

200 (이백)

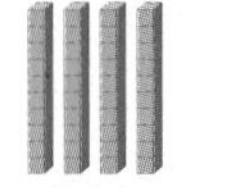

40 (사십) 5 (오)

3	2	4	5
천	백	십	일

- 1000이 3개, 100이 2개, 10이 4개, 1이 5개이면 3245입니다.
- 3245는 삼천이백사십오라고 읽습니다.

★ 각 자리의 숫자는 얼마를 나타내는지 알아보기

3245=3000+200+40+5

천의 자리	백의 자리	십의 자리	일의 자리
3	2	4	5

⬇

3	0	0	0
	2	0	0
		4	0
			5

- 3245는
천의 자리 숫자가 3, 백의 자리 숫자가 2, 십의 자리 숫자가 4, 일의 자리 숫자가 5인 수입니다.

1 수 모형을 보고 □ 안에 알맞은 수를 써넣으세요.

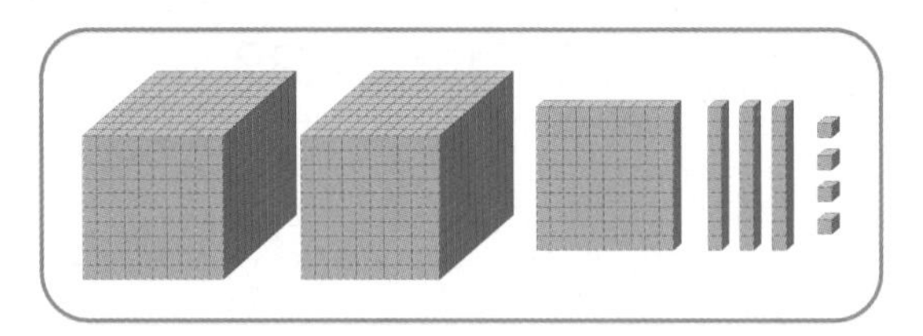

(1) 천 모형 2개는 □, 백 모형 1개는 □, 십 모형 3개는 □, 일 모형 4개는 □입니다.

(2) 수 모형은 모두 □입니다.

[2 ~ 3] 네 자리 수 3576을 보고 □ 안에 알맞게 써넣으세요.

2 3576에서

3은 □의 자리 숫자, 5는 □의 자리 숫자, 7은 □의 자리 숫자, 6은 일의 자리 숫자입니다.

3 3576에서

3은 □, 5는 □,

7은 □, 6은 □을 나타냅니다.

문제가 쉽다

정답 2쪽

1 수 모형을 보고 □ 안에 알맞은 수를 써넣으세요.

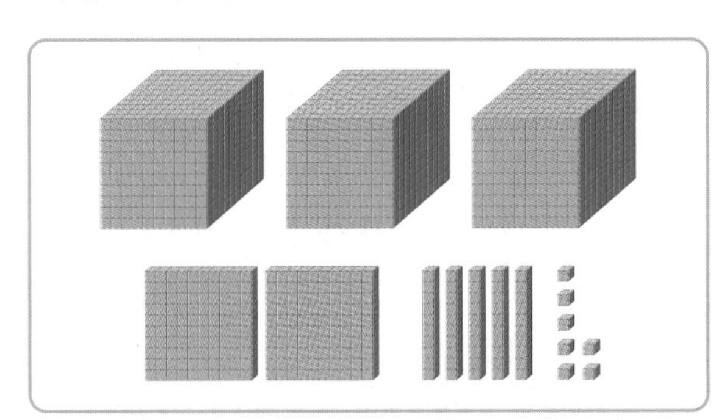

1000이 □개, 100이 □개,
10이 □개, 1이 □개인 수는
□입니다.

[2 ~ 3] 수를 읽어 보세요.

2 6409

(   )

3 8012

(   )

4 수를 써 보세요.

오천육십칠

(   )

5 □ 안에 알맞은 수를 써넣으세요.

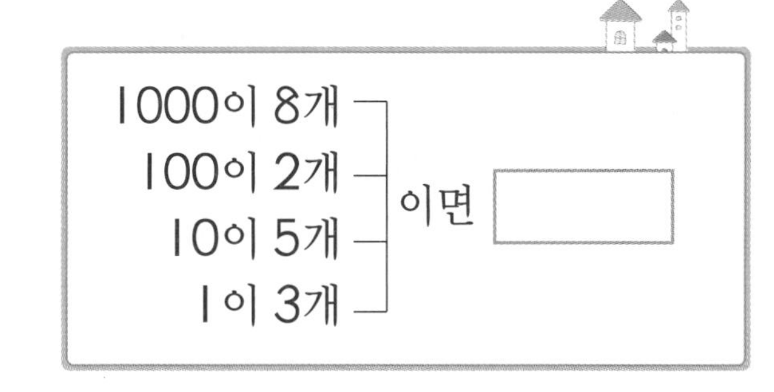

1000이 8개
100이 2개
10이 5개
1이 3개
이면 □

6 빈칸에 알맞은 수를 써넣으세요.

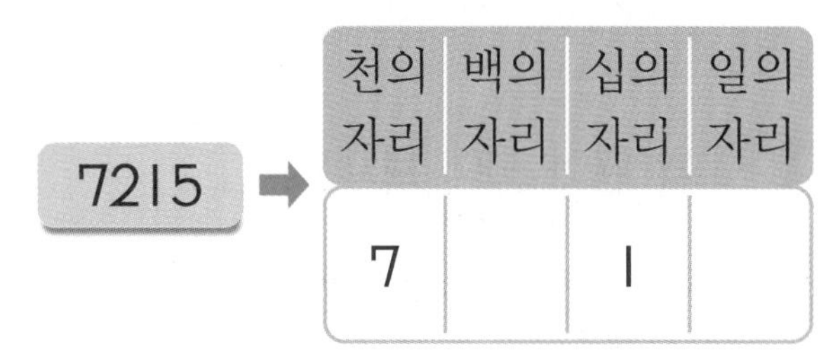

7215 ➡

천의 자리	백의 자리	십의 자리	일의 자리
7		1	

7215=□+200+10+□

7 7386에서 숫자 8이 나타내는 수는 얼마일까요?

(   )

8 숫자 3이 300을 나타내는 수를 모두 찾아 기호를 쓰세요.

㉠ 4130 ㉡ 3862 ㉢ 6319
㉣ 5743 ㉤ 1387 ㉥ 8437

(   )

1 단원

④ 뛰어 세기

★ 뛰어 세기

- 1000씩 뛰어 세기
  1000 − 2000 − 3000 − 4000
  ➡ 천의 자리 숫자가 1씩 커집니다.

- 100씩 뛰어 세기
  9100 − 9200 − 9300 − 9400
  ➡ 백의 자리 숫자가 1씩 커집니다.

- 10씩 뛰어 세기
  9910 − 9920 − 9930 − 9940
  ➡ 십의 자리 숫자가 1씩 커집니다.

- 1씩 뛰어 세기
  9991 − 9992 − 9993 − 9994
  ➡ 일의 자리 숫자가 1씩 커집니다.

1 1씩 뛰어 세어 보세요.

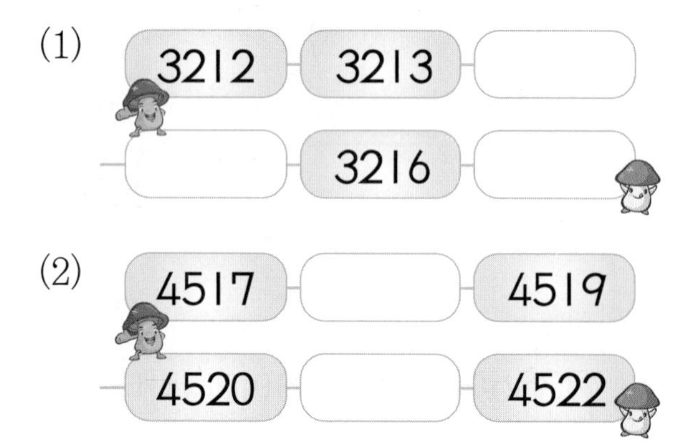

(1) 3212 − 3213 − □ − □ − 3216 − □

(2) 4517 − □ − 4519 − 4520 − □ − 4522

2 10씩 뛰어 세어 보세요.

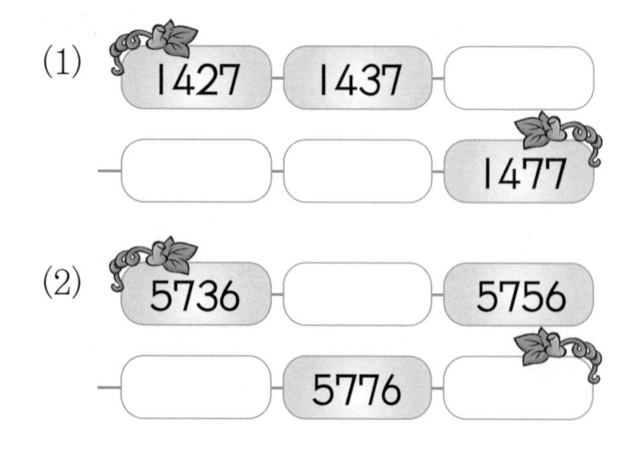

(1) 1427 − 1437 − □ − □ − □ − 1477

(2) 5736 − □ − 5756 − □ − 5776 − □

3 100씩 뛰어 세어 보세요.

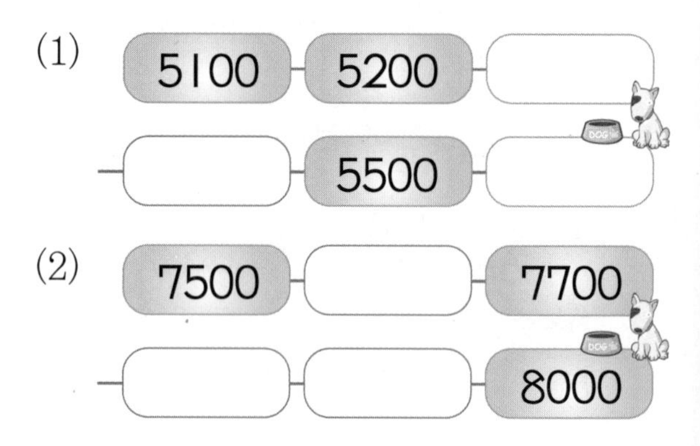

(1) 5100 − 5200 − □ − □ − 5500 − □

(2) 7500 − □ − 7700 − □ − □ − 8000

4 1000씩 뛰어 세어 보세요.

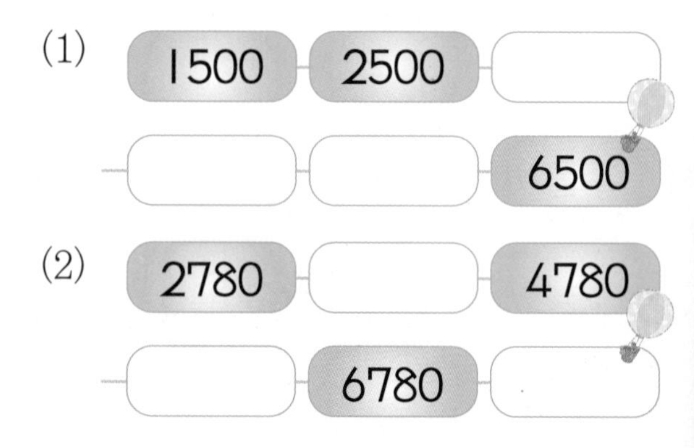

(1) 1500 − 2500 − □ − □ − □ − 6500

(2) 2780 − □ − 4780 − □ − 6780 − □

문제가 쉽다

정답 2쪽

1 100씩 뛰어 세어 보세요.

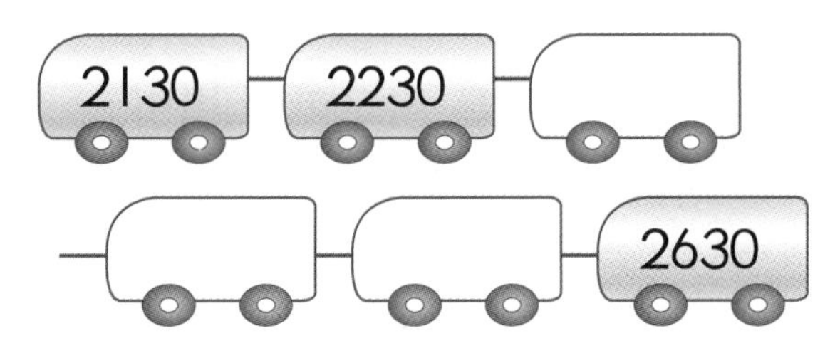

2 10씩 뛰어 세어 보세요.

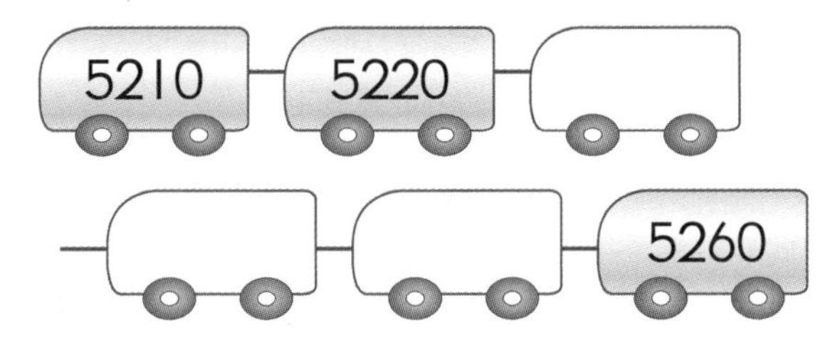

[3 ~ 5] 표를 보고 물음에 답하세요.

5100	5200	5300	5400	5500
6100	6200		6400	
7100	7200	7300		㉡
8100		㉠	8400	
9100	9200		9400	9500

3 빨간색 선 안에 있는 수들은 얼마씩 뛰어 센 것일까요?

( )

4 파란색 선 안에 있는 수들은 얼마씩 뛰어 센 것일까요?

( )

5 ㉠과 ㉡에 알맞은 수를 구하세요.

(㉠ : , ㉡ :)

6 다음은 몇씩 뛰어 세기를 한 것일까요?

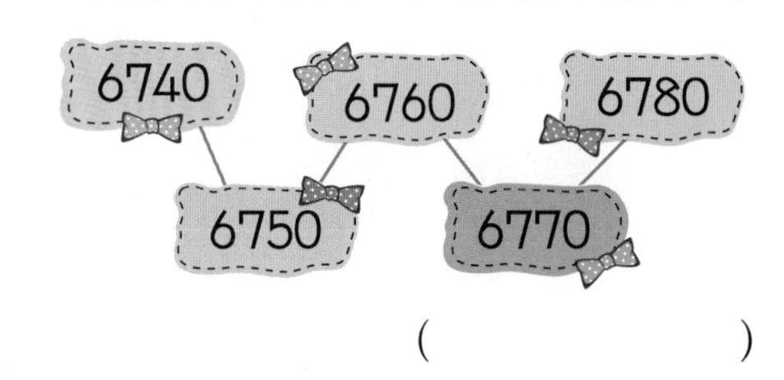

( )

7 100씩 거꾸로 뛰어 세어 보세요.

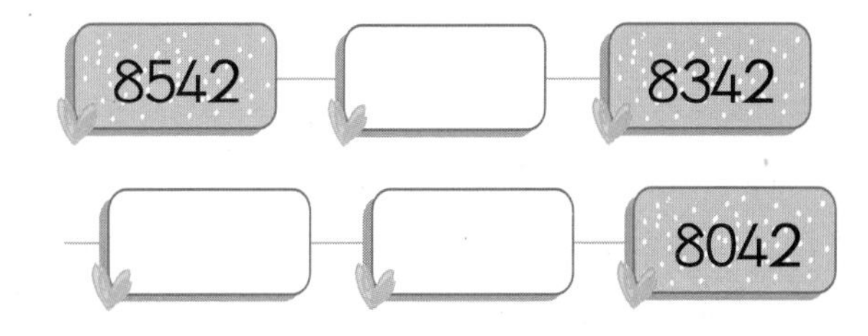

8 뛰어 세는 규칙을 찾아 빈 곳에 알맞은 수를 써넣으세요.

(1)

(2)

1 단원

⑤ 어느 수가 더 큰지 알아보기

★ **네 자리 수의 크기 비교**

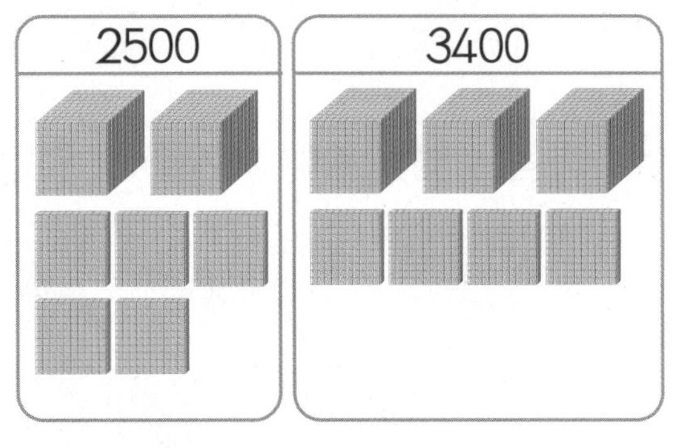

• 2500의 천 모형의 수가 3400의 천 모형의 수보다 적습니다.
➡ 천 모형이 많은 쪽이 큰 수입니다.

> 2500은 3400보다 작습니다.
> $2500 < 3400$

★ **두 수의 크기를 비교하는 방법**

① 천의 자리 숫자부터 비교합니다.
$1730 < 6730$

② 천의 자리 숫자가 같으면 백의 자리 숫자를 비교합니다.
$4329 > 4158$

③ 천, 백의 자리 숫자가 같으면 십의 자리 숫자를 비교합니다.
$5482 > 5449$

④ 천, 백, 십의 자리 숫자가 같으면 일의 자리 숫자를 비교합니다.
$3374 < 3376$

1 수 모형을 보고 ○ 안에 >, <를 알맞게 써넣으세요.

(1)

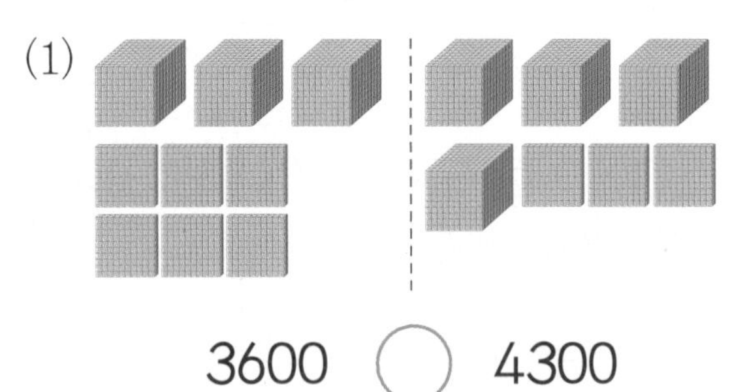

3600 ○ 4300

(2)

4150 ○ 4140

2 6470보다 작은 수를 찾아 쓰세요.

6459 6489 6670 8470

(   )

3 다음을 >, <를 써서 나타내어 보세요.

(1) 2145는 2173보다 작습니다.

➡ ______________

(2) 3280은 3190보다 큽니다.

➡ ______________

문제가 쉽다

정답 3쪽

[1 ~ 2] 두 수의 크기를 비교하여 ○ 안에 >, <를 알맞게 써넣으세요.

1

2

2870 ○ 2850

3 5320보다 큰 수를 모두 찾아 기호를 쓰세요.

㉠ 5340　㉡ 5000　㉢ 5290
㉣ 5880　㉤ 5090　㉥ 5170

(　　　　　)

4 큰 수부터 차례로 기호를 쓰세요.

㉠ 7053　㉡ 7212
㉢ 3967　㉣ 3980

(　　　　　)

[5 ~ 6] 가장 큰 수에 ○표, 가장 작은 수에 △표 하세요.

5

(　　　) (　　　) (　　　)

6

7236　8310　7310

(　　　) (　　　) (　　　)

7 창민이의 저금액은 8290원이고 영수의 저금액은 9180원입니다. 저금액이 더 많은 사람은 누구일까요?

(　　　　　)

8 야구 경기장에 어른은 5348명, 어린이는 5092명 입장했습니다. 어른과 어린이 중 누가 더 많은가요?

(　　　　　)

1 단원

2단계 계산이 쉽다

100이 10개인 수 알아보기

[1 ~ 8] □ 안에 알맞은 수나 말을 써넣으세요.

1 100이 10개이면 □입니다.

2 1000은 □이라고 읽습니다.

3 1000은 700보다 □만큼 더 큰 수입니다.

4 1000은 500보다 □만큼 더 큰 수입니다.

5 800보다 □만큼 더 큰 수는 1000입니다.

6 900보다 □만큼 더 큰 수는 1000입니다.

7 300은 1000보다 □만큼 더 작은 수입니다.

8 600은 1000보다 □만큼 더 작은 수입니다.

몇천 알아보기

정답 3쪽

[1 ~ 4] □ 안에 알맞은 수를 써넣으세요.

1 1000이 2개이면 □입니다.

2 1000이 8개이면 □입니다.

3 1000이 □개이면 4000입니다.

4 1000이 □개이면 9000입니다.

1 단원

[5 ~ 8] □ 안에 알맞은 수나 말을 써넣으세요.

5 1000이 3개이면 □이라 쓰고 □이라고 읽습니다.

6 1000이 5개이면 □이라 쓰고 □이라고 읽습니다.

7 1000이 7개이면 □이라 쓰고 □이라고 읽습니다.

8 1000이 8개이면 □이라 쓰고 □이라고 읽습니다.

네 자리 수 알아보기

[1 ~ 2] 수 모형을 보고 □ 안에 알맞은 수를 써넣으세요.

1

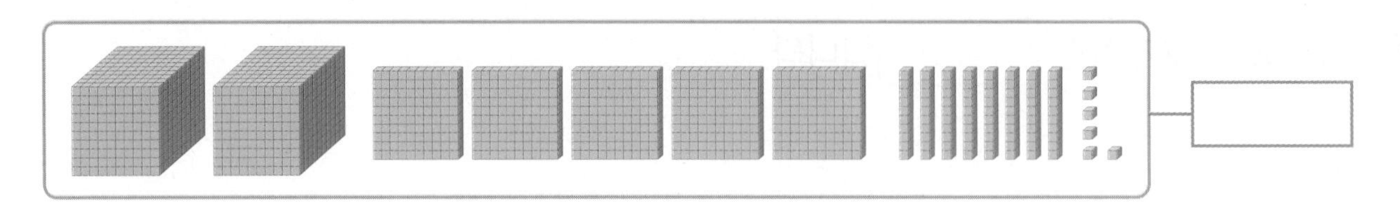

2

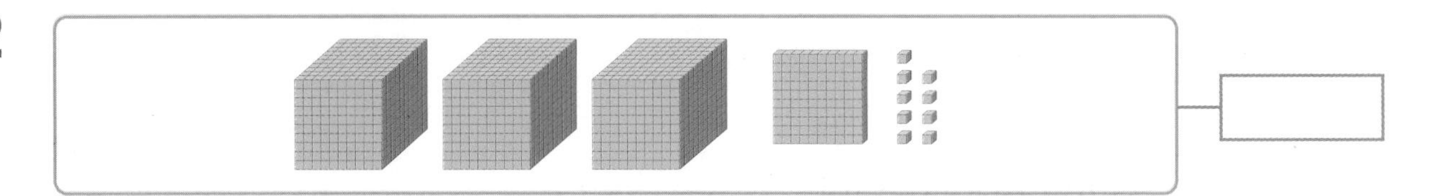

[3 ~ 4] 수를 읽어 보세요.

3 3951 ➡ (　　　　　　)

4 1084 ➡ (　　　　　　)

[5 ~ 8] □ 안에 알맞은 수를 써넣으세요.

5
1000이 6개
100이 5개
10이 8개
1이 4개
이면 □

6
1000이 3개
100이 2개
10이 0개
1이 9개
이면 □

7
1000이 □개
100이 □개
10이 □개
1이 □개
이면 4396

8
1000이 □개
100이 □개
10이 □개
1이 □개
이면 7013

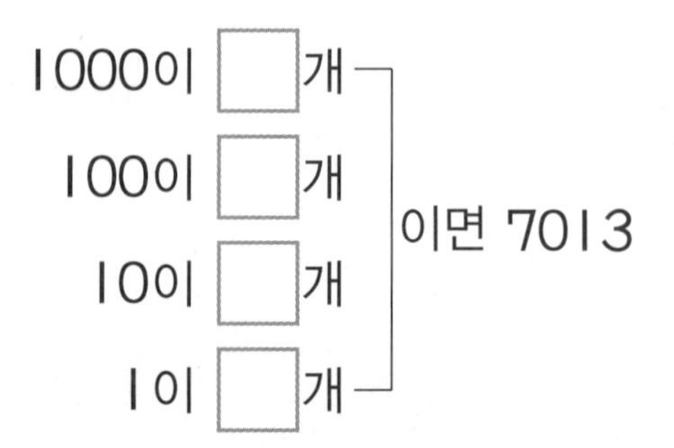

각 자리의 숫자는 얼마를 나타내는지 알아보기

정답 3쪽

1 수를 보고 □ 안에 알맞은 수나 말을 써넣으세요.

8415

(1) 천의 자리 숫자 8은 □을 나타냅니다.

(2) □의 자리 숫자 4는 □을 나타냅니다.

(3) 십의 자리 숫자 □은 □을 나타냅니다.

(4) 일의 자리 숫자 □는 □를 나타냅니다.

1 단원

[2 ~ 3] □ 안에 알맞은 수나 말을 써넣으세요.

2 2357에서 3은 □의 자리 숫자이고 □을 나타냅니다.

2357=2000+□+50+□

3 8142에서 4는 □의 자리 숫자이고 □을 나타냅니다.

8142=□+100+□+2

4 보기 와 같이 밑줄친 숫자 6이 나타내는 수를 써 보세요.

보기

5968 ➡ 60

(1) 6083 ➡ □

(2) 1962 ➡ □

(3) 3645 ➡ □

(4) 5436 ➡ □

계산이 쉽다

[1 ~ 2] 1000씩 뛰어 세기를 하려고 합니다. 빈 곳에 알맞은 수를 써넣으세요.

1

2

[3 ~ 4] 100씩 뛰어 세기를 하려고 합니다. 빈 곳에 알맞은 수를 써넣으세요.

3

4

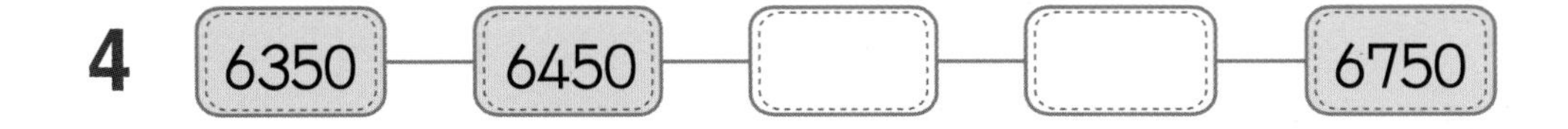

[5 ~ 6] 10씩 뛰어 세기를 하려고 합니다. 빈 곳에 알맞은 수를 써넣으세요.

5

6

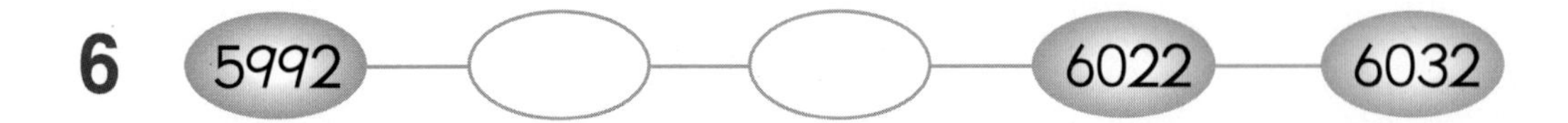

어느 수가 더 큰지 알아보기

정답 4쪽

[1 ~ 10] 두 수의 크기를 비교하여 ○ 안에 > 또는 < 를 알맞게 써넣으세요.

1 8016 ○ 7986

2 5880 ○ 6001

3 3752 ○ 3814

4 8016 ○ 8106

5 5127 ○ 5118

6 5343 ○ 5352

7 8964 ○ 8963

8 2002 ○ 2001

9 4278 ○ 4325

10 6827 ○ 6865

1 단원

01 수 모형을 보고 □ 안에 알맞은 수를 써넣으세요.

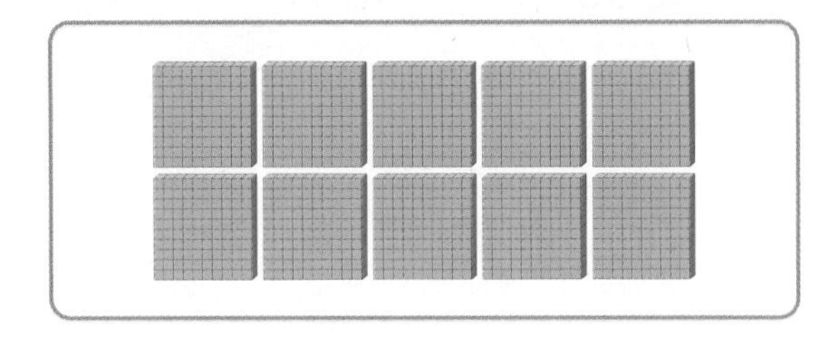

100이 10개이면 □입니다.

02 □ 안에 알맞게 써넣으세요.

(1) 1000이 6개이면 □입니다.

(2) 9000은 1000이 □개인 수입니다.

(3) 3000은 □이라고 읽습니다.

03 관계있는 것끼리 선으로 이어 보세요.

1000이 2개 •	• 8000
팔천 •	• 2000
칠천 •	• 7000

04 다음 중 나머지 넷과 다른 하나는 어느 것일까요? .... (   )

① 990보다 10만큼 더 큰 수
② 800보다 200만큼 더 큰 수
③ 999보다 1만큼 더 큰 수
④ 900보다 100만큼 더 작은 수
⑤ 500보다 500만큼 더 큰 수

05 □ 안에 알맞은 수나 말을 써넣으세요.

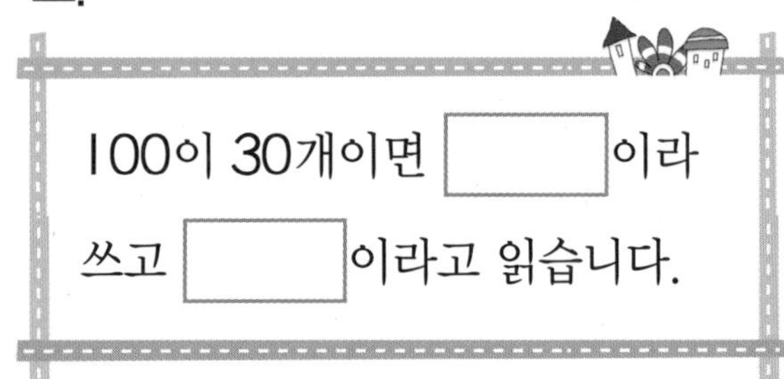

100이 30개이면 □이라 쓰고 □이라고 읽습니다.

06 수를 읽어 보세요.

4352

(   )

07 경진이네 마을의 사람 수를 수로 나타내어 보세요.

경진이네 마을의 사람 수는 육천사백이십 명입니다.

(   )명

정답 4쪽

08 다음 수 모형이 나타내는 수를 쓰세요.

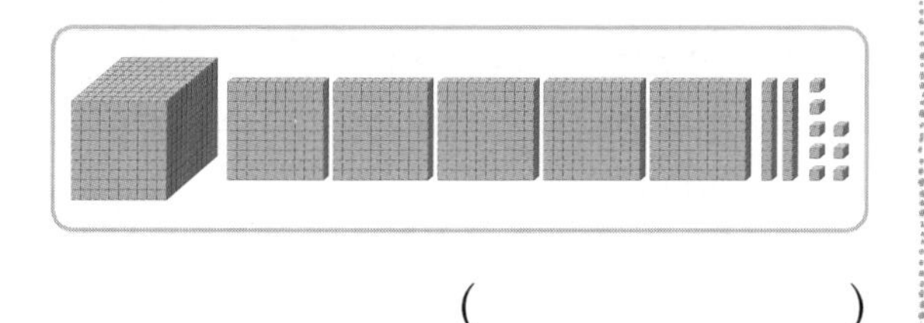

(   )

09 □ 안에 알맞은 수를 써넣으세요.

4753은
- 1000이 □개
- 100이 □개
- 10이 □개
- 1이 □개

10 □ 안에 알맞은 수를 써넣으세요.

5274에서 천의 자리 숫자 □는 □을 나타내고, 십의 자리 숫자 □은 □을 나타냅니다.

11 다음 중 숫자 6이 6000을 나타내는 수는 어느 것일까요? ··············(   )

① 5061 ② 8602 ③ 9546
④ 6001 ⑤ 4659

12 숫자 5가 나타내는 수가 가장 큰 수는 어느 것일까요?

2530	5400
7895	9051

(   )

13 뛰어 세는 규칙을 찾아 빈 곳에 알맞은 수를 써넣으세요.

(1) □ – 4162 – 5162 – 6162 – □ – 8162

(2) 9823 – 9833 – □ – □ – 9863 – 9873

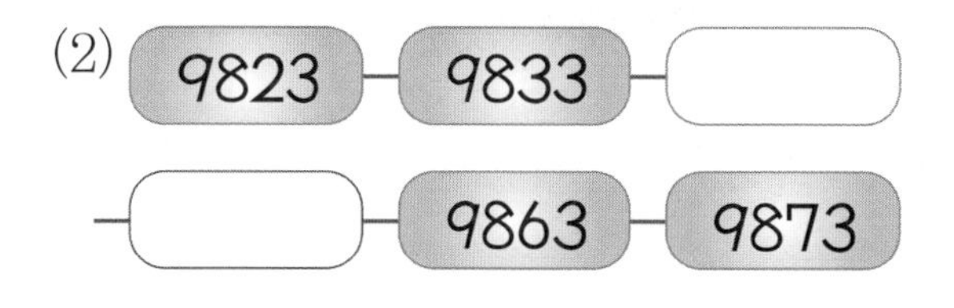

14 다음은 몇씩 뛰어 세기를 한 것일까요?

9340 – 9350 – 9360 – 9370

(   )

15 2236에서 2번 뛰어 세기를 하였더니 2436이 되었습니다. 몇씩 뛰어 세기를 한 것일까요?

(　　　　　　)

16 □ 안에 알맞은 수를 써넣으세요.

(1)

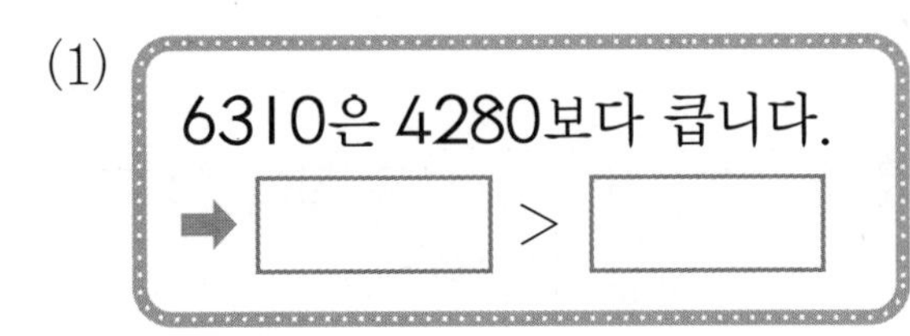

6310은 4280보다 큽니다.

➡ □ > □

(2)

5312는 6025보다 작습니다.

➡ □ < □

17 두 수의 크기를 비교하여 ○ 안에 > 또는 <를 알맞게 써넣으세요.

(1)

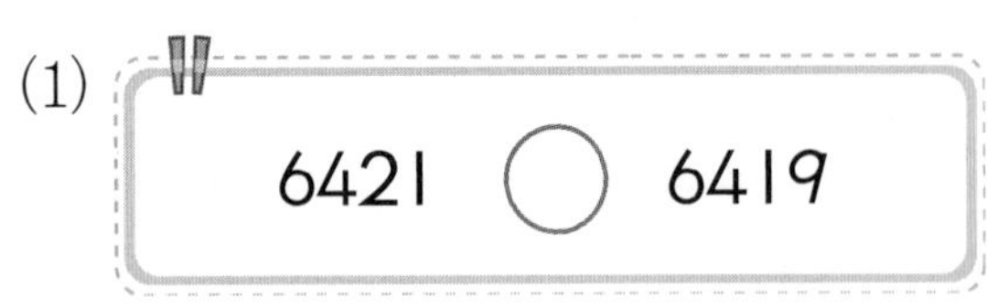

6421 ○ 6419

(2)

8999 ○ 9001

학교시험 예상문제

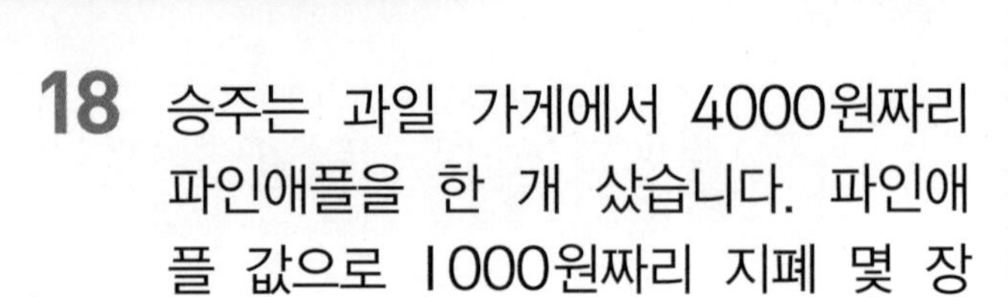

18 승주는 과일 가게에서 4000원짜리 파인애플을 한 개 샀습니다. 파인애플 값으로 1000원짜리 지폐 몇 장을 내야 할까요?

(　　　　　　)장

19 천의 자리 숫자가 7, 백의 자리 숫자가 0, 십의 자리 숫자가 2, 일의 자리 숫자가 1인 수를 쓰고 읽어 보세요.

쓰기 (　　　　　　)

읽기 (　　　　　　)

20 두 번째로 큰 수를 찾아 기호를 쓰세요.

㉠ 4601　㉡ 4006　㉢ 4060

(　　　　　　)

2 곱셈구구

1. 2, 5의 단 곱셈구구
2. 3, 6의 단 곱셈구구
3. 4, 8의 단 곱셈구구
4. 7, 9의 단 곱셈구구
5. 1의 단 곱셈구구, 0의 곱
6. 곱셈표 만들기
7. 곱셈구구로 문제 해결하기

이야기로 알아보기

×	1	2	3	4	5	6	7	8	9
5	5	10	15	20	25	30	35	40	45

+5 +5 +5 +5 +5 +5 +5 +5

×	1	2	3	4	5	6	7	8	9
0	0	0	0	0	0	0	0	0	0

1단계 개념이 쉽다

❶ 2, 5의 단 곱셈구구

★ 2의 단 곱셈구구

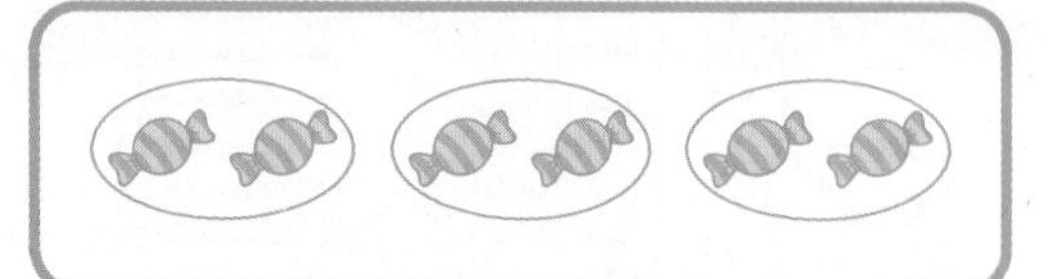

• 사탕이 2개씩 3묶음이면 6개입니다.
➡ $2\times3=6$

• 2의 단 곱셈구구표

×	1	2	3	4	5	6	7	8	9
2	2	4	6	8	10	12	14	16	18

• 2의 단 곱셈구구에서는 곱하는 수가 1씩 커지면 곱은 2씩 커집니다.

★ 5의 단 곱셈구구

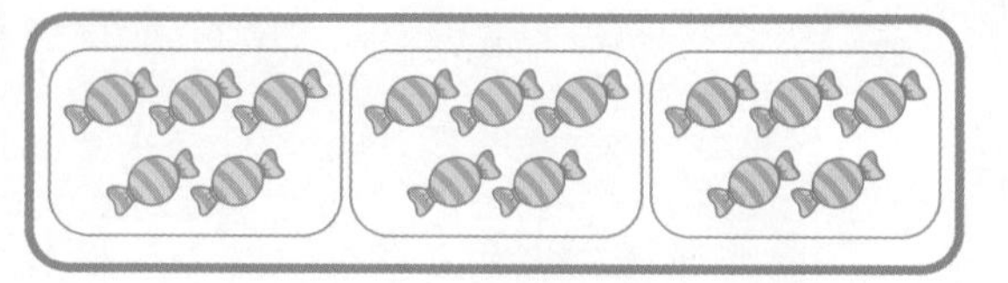

• 사탕이 5개씩 3묶음이면 15개입니다.
➡ $5\times3=15$

• 5의 단 곱셈구구표

×	1	2	3	4	5	6	7	8	9
5	5	10	15	20	25	30	35	40	45

• 5의 단 곱셈구구에서는 곱하는 수가 1씩 커지면 곱은 5씩 커집니다.

1 그림을 보고 □ 안에 알맞은 수를 써넣으세요.

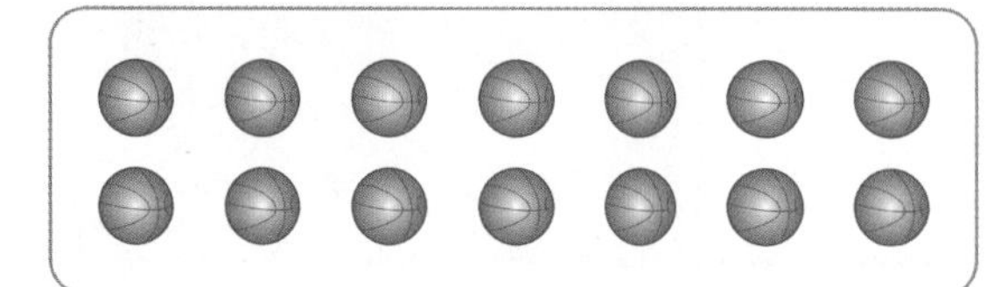

(1) 농구공은 모두 □개입니다.

(2) 농구공을 2개씩 묶으면 □묶음이 됩니다.

(3) 농구공의 수를 곱셈식으로 나타내면 2×□=□입니다.

2 그림을 보고 □ 안에 알맞은 수를 써넣으세요.

(1) 5마리씩 2무리는 □마리입니다
➡ 5×2=□

(2) 5마리씩 3무리는 □마리입니다
➡ 5×3=□

(3) 강아지가 한 무리씩 늘어나면 □마리씩 늘어납니다.

문제가 쉽다

정답 5쪽

[1 ~ 2] 그림을 보고 □ 안에 알맞은 수를 써넣으세요.

1

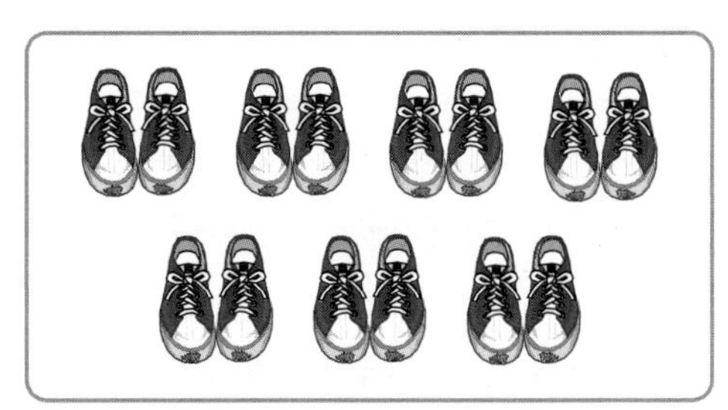

➡ $2 \times 7 = \square$

2

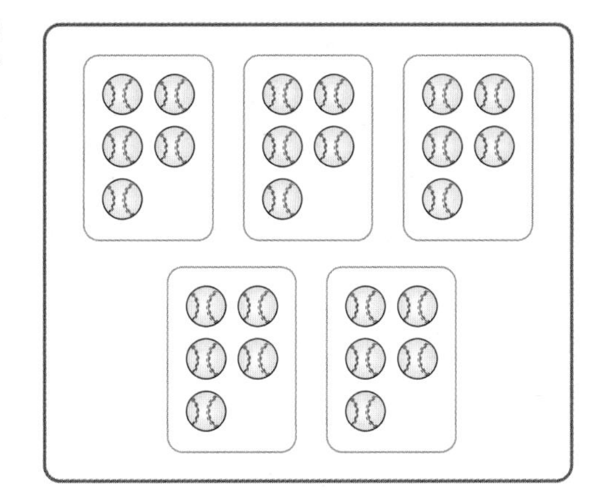

➡ $5 \times 5 = \square$

3 □ 안에 알맞은 수를 써넣으세요.

2의 단 곱셈구구에서는 곱하는 수가 1씩 커지면 곱은 □씩 커집니다.

4 □ 안에 알맞은 수를 써넣으세요.

(1) $2 \times 8 = \square$

(2) $2 \times 9 = \square$

(3) $5 \times 4 = \square$

(4) $5 \times 8 = \square$

5 빈칸에 알맞은 수를 써넣으세요.

(1)

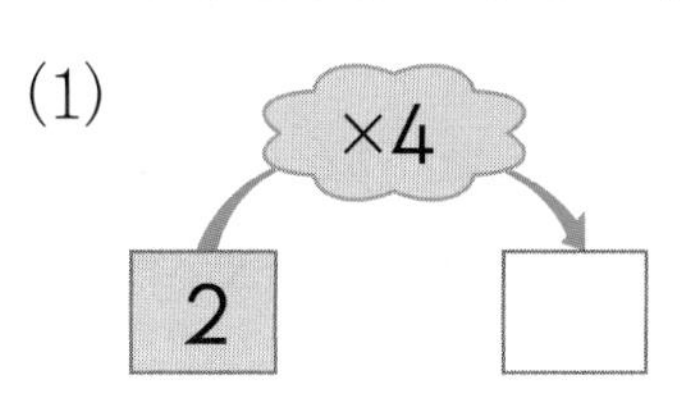

(2)

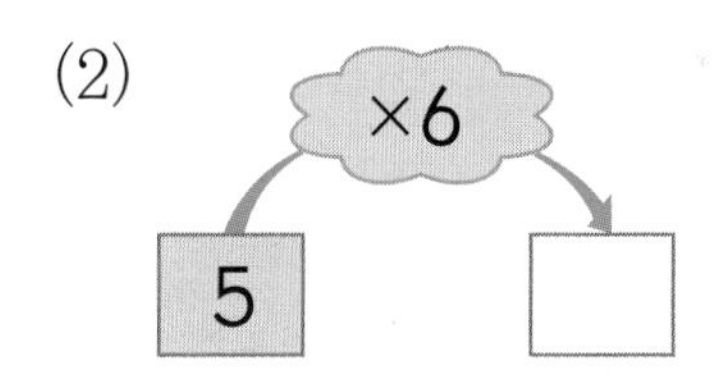

6 빈칸에 알맞은 수를 써넣으세요.

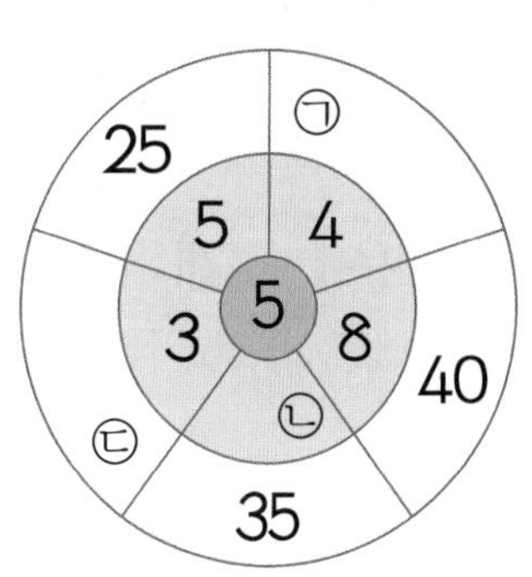

1 단계 개념이 쉽다

❷ 3, 6의 단 곱셈구구

★ 3의 단 곱셈구구

- 빵이 3개씩 3묶음이면 9개입니다.
  ➡ $3\times3=9$
- 3의 단 곱셈구구표

×	1	2	3	4	5	6	7	8	9
3	3	6	9	12	15	18	21	24	27

- 3의 단 곱셈구구에서는 곱하는 수가 1씩 커지면 곱은 3씩 커집니다.

★ 6의 단 곱셈구구

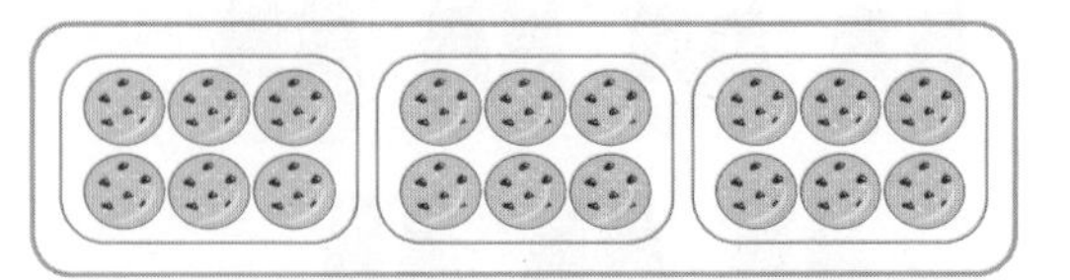

- 과자가 6개씩 3묶음이면 18개입니다.
  ➡ $6\times3=18$
- 6의 단 곱셈구구표

×	1	2	3	4	5	6	7	8	9
6	6	12	18	24	30	36	42	48	54

- 6의 단 곱셈구구에서는 곱하는 수가 1씩 커지면 곱은 6씩 커집니다.

1 그림을 보고 □ 안에 알맞은 수를 써넣으세요.

(1) 배구공은 모두 □개 있습니다.

(2) 배구공은 □개씩 □묶음입니다.

(3) 배구공 수를 곱셈식으로 나타내면 □×□=□입니다.

2 그림을 보고 □ 안에 알맞은 수를 써넣으세요.

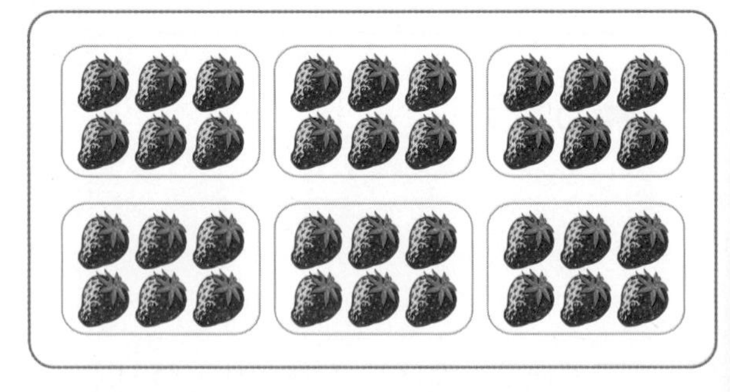

(1) 딸기는 모두 □개 있습니다.

(2) 딸기는 □개씩 □묶음입니다.

(3) 딸기 수를 곱셈식으로 나타내면 □×□=□입니다.

문제가 쉽다

정답 5쪽

[1 ~ 3] 그림을 보고 □ 안에 알맞은 수를 써넣으세요.

1

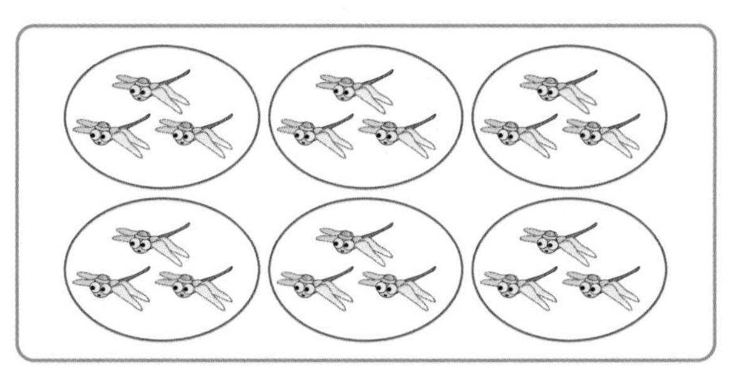

➡ 3×□=□

2

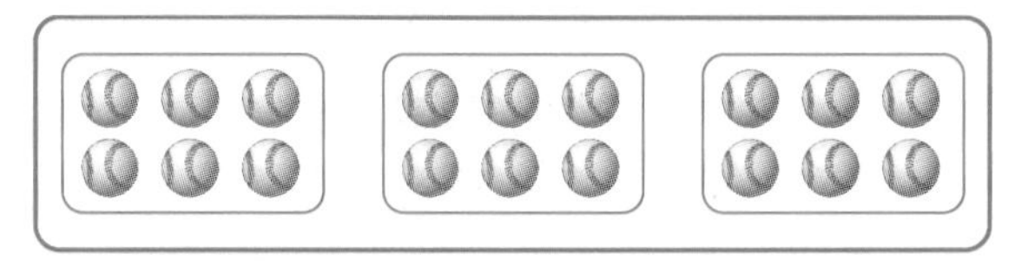

➡ 6×□=□

3

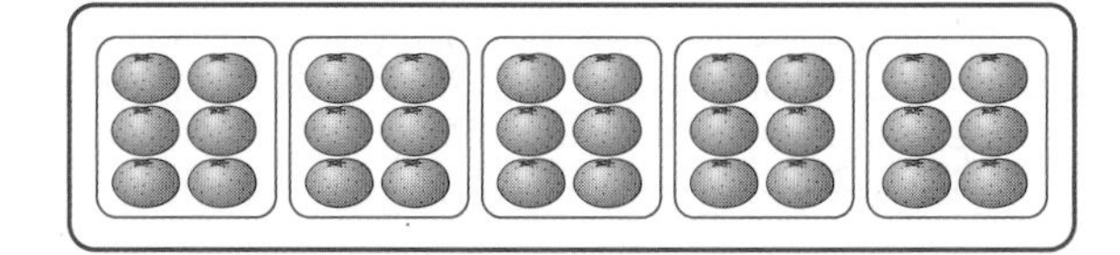

➡ 6×□=□

4 곱셈을 하세요.

(1) 3×2=□

(2) 3×7=□

(3) 6×8=□

(4) 6×9=□

5 빈 곳에 알맞은 수를 써넣으세요.

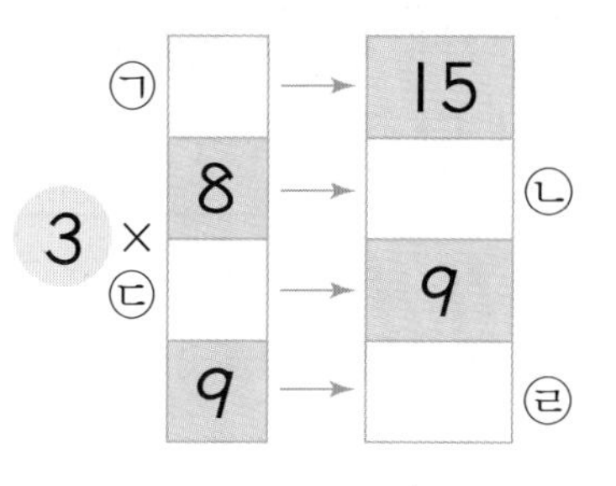

6 빈 곳에 알맞은 수를 써넣으세요.

×	1	2	3	4	5
6	6				30

7 그림을 보고 곱셈식으로 나타내어 보세요.

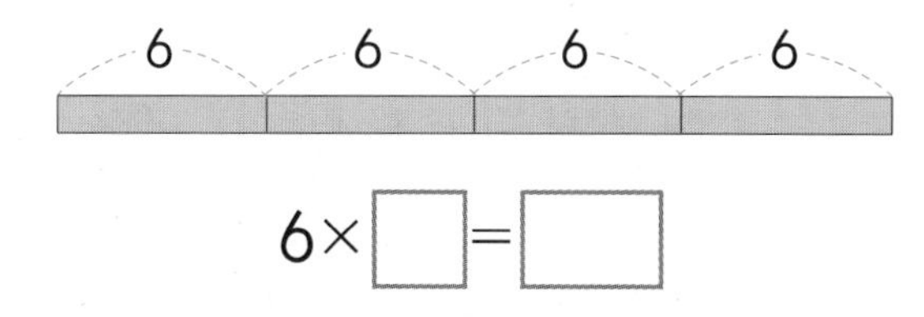

6×□=□

8 빈 곳에 알맞은 수를 써넣으세요.

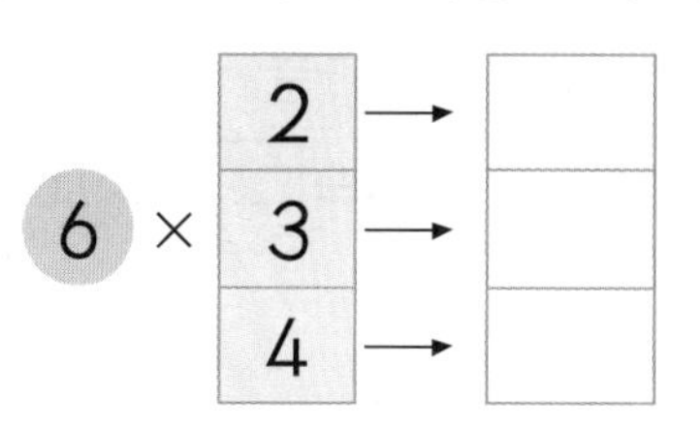

2 단원

1 단계 개념이 쉽다

❸ 4, 8의 단 곱셈구구

★ 4의 단 곱셈구구

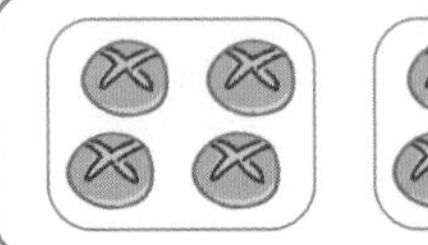
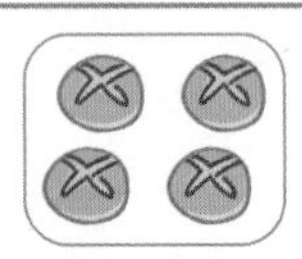
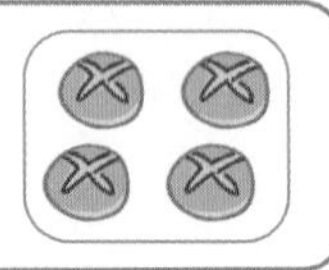

- 빵이 4개씩 3묶음이면 12개입니다.

➡ $4\times3=12$

- 4의 단 곱셈구구표

×	1	2	3	4	5	6	7	8	9
4	4	8	12	16	20	24	28	32	36

- 4의 단 곱셈구구에서는 곱하는 수가 1씩 커지면 곱은 4씩 커집니다.

★ 8의 단 곱셈구구

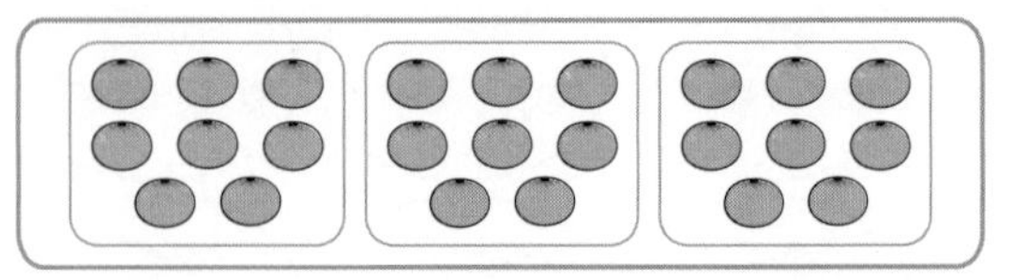

- 귤이 8개씩 3묶음이면 24개입니다.

➡ $8\times3=24$

- 8의 단 곱셈구구표

×	1	2	3	4	5	6	7	8	9
8	8	16	24	32	40	48	56	64	72

- 8의 단 곱셈구구에서는 곱하는 수가 1씩 커지면 곱은 8씩 커집니다.

1 그림을 보고 □ 안에 알맞은 수를 써넣으세요.

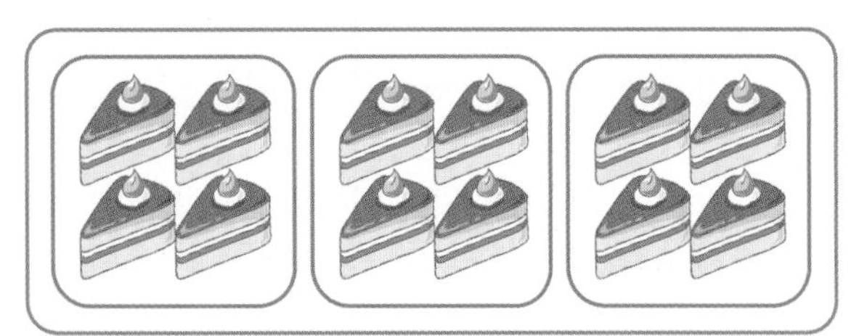

(1) 케이크는 □개씩 3묶음입니다.

(2) 케이크의 수를 곱셈식으로 나타내면 □×3=□입니다.

(3) 케이크는 모두 □개입니다.

2 그림을 보고 □ 안에 알맞은 수를 써넣으세요.

(1)

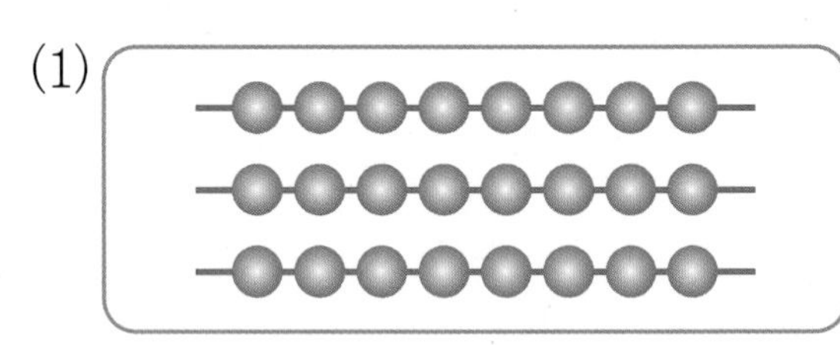

➡ 8×□=□

(2)

0 8 16 24 32 40 48 56

➡ 8×□=□

➡ 한 번씩 뛰어 셀 때마다 □씩 커집니다.

문제가 쉽다

정답 5쪽

[1 ~ 2] 그림을 보고 □ 안에 알맞은 수를 써넣으세요.

1

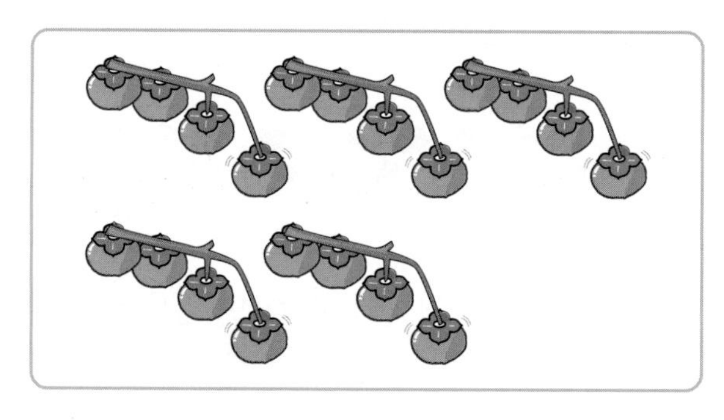

➡ 4×□=□

2

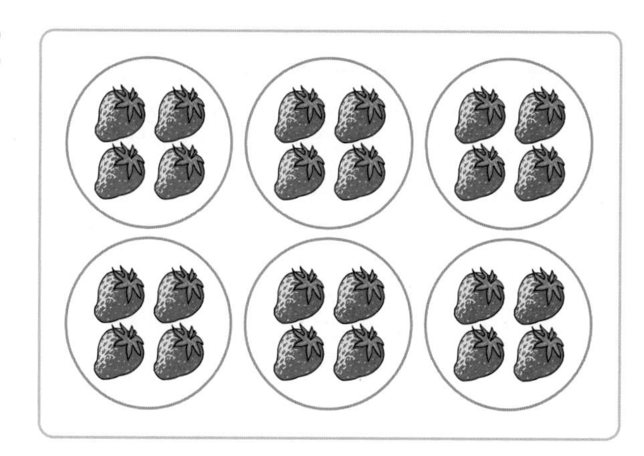

➡ 4×□=□

3 그림을 보고 곱셈식으로 나타내어 보세요.

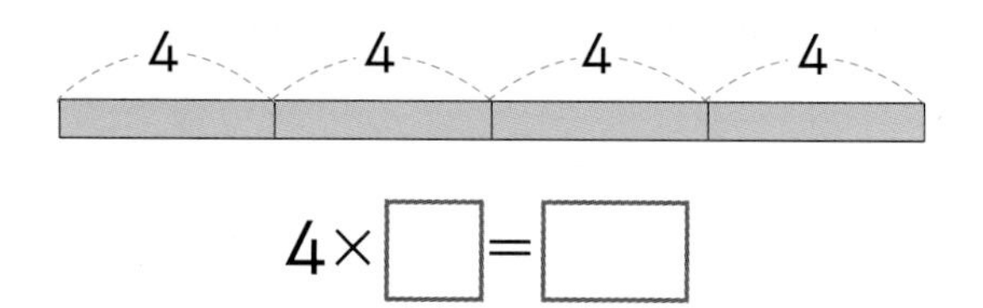

4×□=□

4 곱셈을 하세요.

(1) 4×3=□

(2) 4×9=□

(3) 8×4=□

(4) 8×8=□

5 그림을 보고 □ 안에 알맞은 수를 써넣으세요.

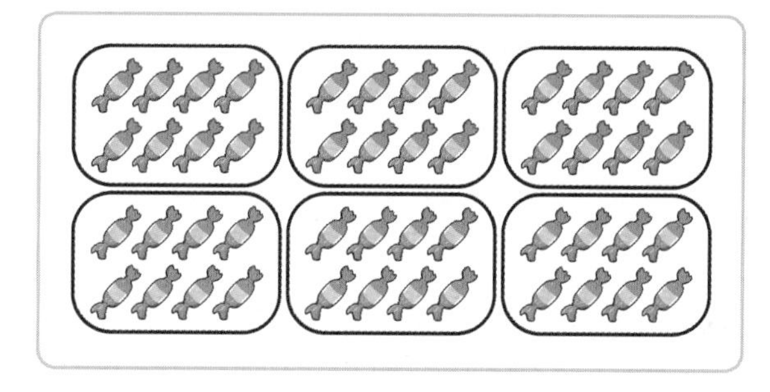

➡ 8×□=□

6 관계있는 것끼리 이어 보세요.

4×8 •	• 40
8×5 •	• 32
8×9 •	• 72

2 단원

❹ 7, 9의 단 곱셈구구

★ 7의 단 곱셈구구

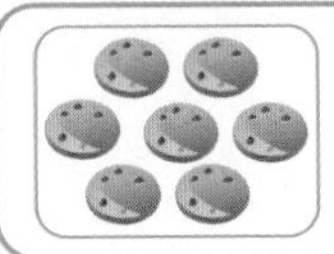 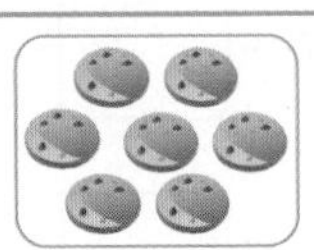 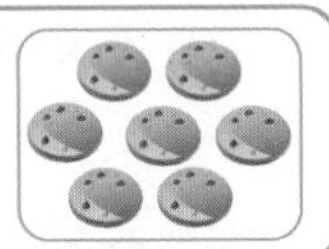

• 과자가 7개씩 3묶음이면 21개입니다.

➡ $7 \times 3 = 21$

• 7의 단 곱셈구구표

×	1	2	3	4	5	6	7	8	9
7	7	14	21	28	35	42	49	56	63

• 7의 단 곱셈구구에서는 곱하는 수가 1씩 커지면 곱은 7씩 커집니다.

★ 9의 단 곱셈구구

• 밤이 9개씩 3묶음이면 27개입니다.

➡ $9 \times 3 = 27$

• 9의 단 곱셈구구표

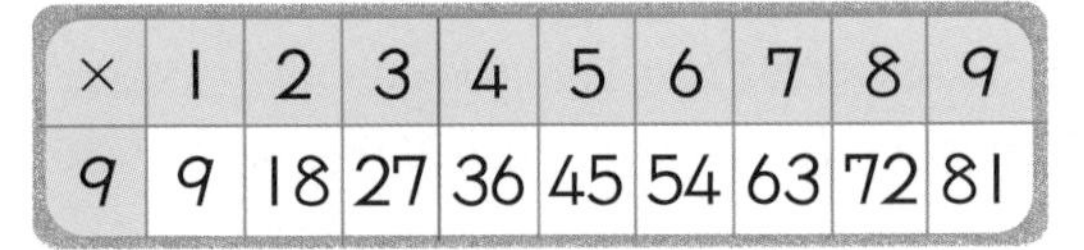

×	1	2	3	4	5	6	7	8	9
9	9	18	27	36	45	54	63	72	81

• 9의 단 곱셈구구에서는 곱하는 수가 1씩 커지면 곱은 9씩 커집니다.

1 사탕이 한 상자에 7개씩 들어 있습니다. □ 안에 알맞은 수를 써넣으세요.

(1) 2상자 ➡ 7×□=□(개)

(2) 3상자 ➡ 7×□=□(개)

(3) 5상자 ➡ 7×□=□(개)

(4) 8상자 ➡ 7×□=□(개)

2 빈칸에 알맞은 수를 써넣으세요.

(1)

9 ×			
2	→		㉠
3	→	27	
4	→		㉡
5	→		㉢

(2) 9×8은 9×7보다 □ 큰 수입니다.

(3) 9의 단 곱셈구구에서 곱하는 수가 1씩 커지면 곱은 □씩 커집니다.

문제가 쉽다

정답 6쪽

[1 ~ 2] 그림을 보고 □ 안에 알맞은 수를 써넣으세요.

1

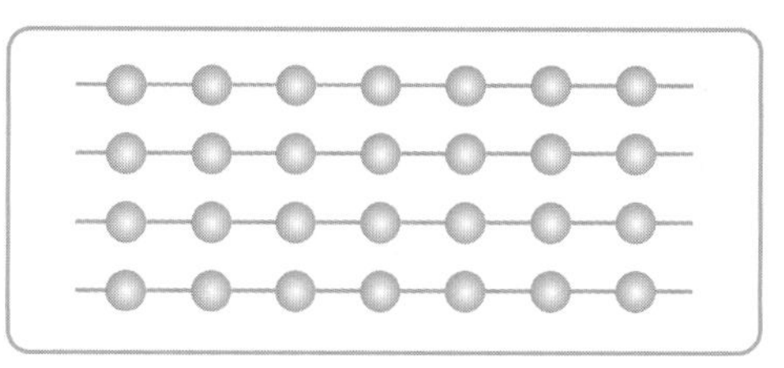

➡ $7\times4=$ □

2

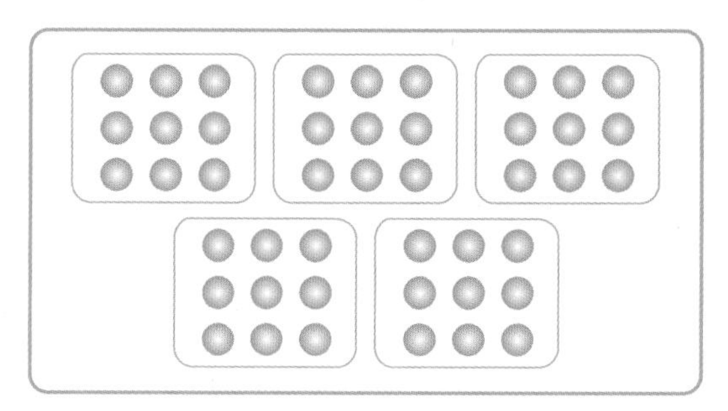

➡ $9\times5=$ □

3 □ 안에 알맞은 수를 써넣으세요.

(1) $7\times5=$ □

(2) $7\times6=$ □

(3) $9\times6=$ □

(4) $9\times9=$ □

4 빈칸에 알맞은 수를 써넣으세요.

×	1	2	4	5	7	8	9
9	9						

5 그림을 보고 □ 안에 알맞은 수를 써넣으세요.

(1)

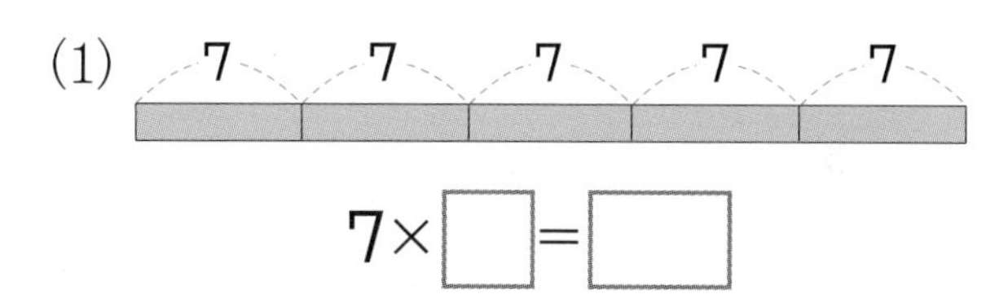

$7\times$ □ $=$ □

(2)

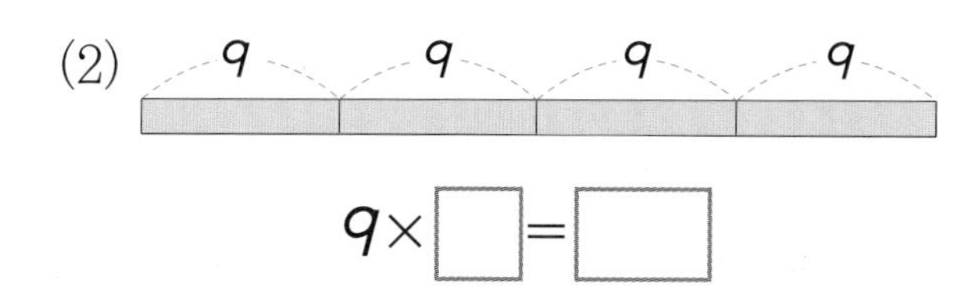

$9\times$ □ $=$ □

6 관계있는 것끼리 선으로 이어 보세요.

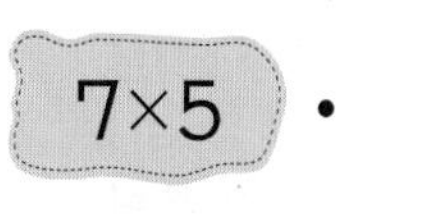

9×8

2 단원

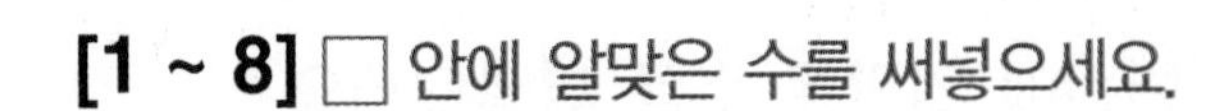

2, 5의 단 곱셈구구

[1 ~ 8] □ 안에 알맞은 수를 써넣으세요.

1 $2\times5=\square$

2 $2\times8=\square$

3 $2\times\square=4$

4 $2\times\square=14$

5 $5\times1=\square$

6 $5\times3=\square$

7 $5\times\square=20$

8 $5\times\square=45$

[9 ~ 10] 그림을 보고 □ 안에 알맞은 수를 써넣으세요.

9

➡ $2\times\square=\square$

10

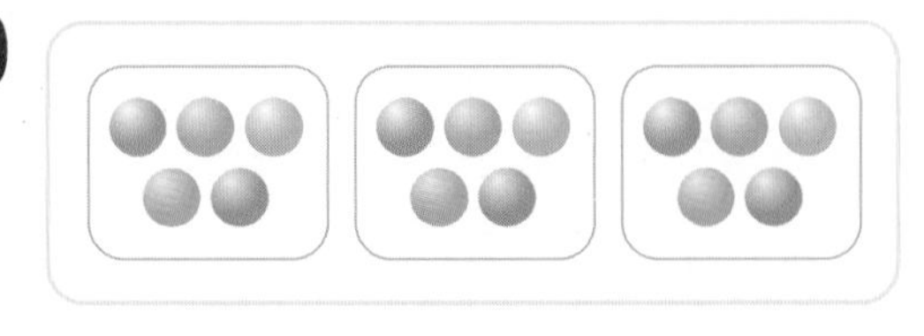

➡ $5\times\square=\square$

3, 6의 단 곱셈구구

정답 6쪽

[1 ~ 8] □ 안에 알맞은 수를 써넣으세요.

1 $3\times2=\square$

2 $3\times5=\square$

3 $3\times\square=12$

4 $3\times\square=21$

5 $6\times2=\square$

6 $6\times5=\square$

7 $6\times\square=48$

8 $6\times\square=54$

[9 ~ 10] 그림을 보고 □ 안에 알맞은 수를 써넣으세요.

9

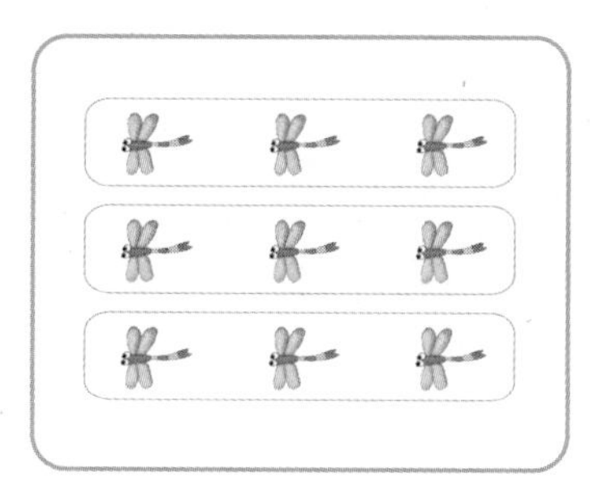

➡ $3\times\square=\square$

10

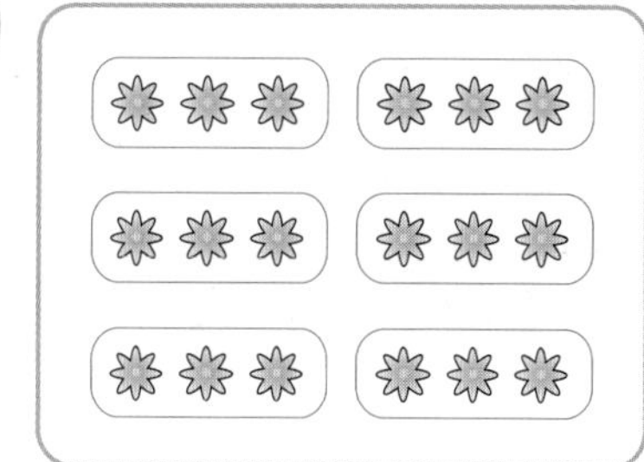

➡ $3\times\square=\square$

2 단원

2단계 계산이 쉽다

4의 단 곱셈구구

[1 ~ 6] □ 안에 알맞은 수를 써넣으세요.

1 $4\times2=\square$

2 $4\times5=\square$

3 $4\times6=\square$

4 $4\times\square=28$

5 $4\times\square=36$

6 $4\times\square=16$

[7 ~ 10] 그림을 보고 □ 안에 알맞은 수를 써넣으세요.

7

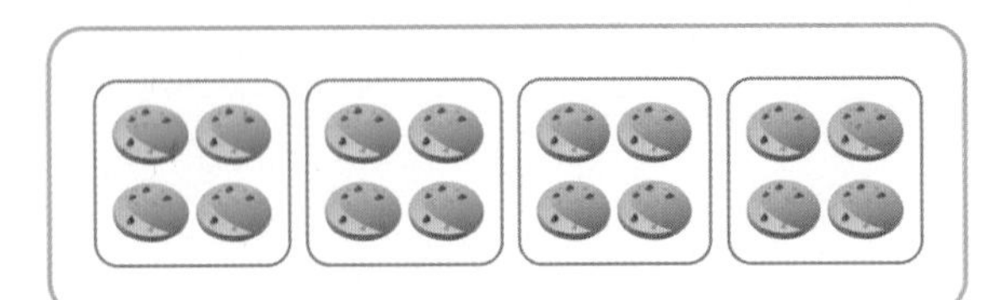

➡ $4\times\square=\square$

8

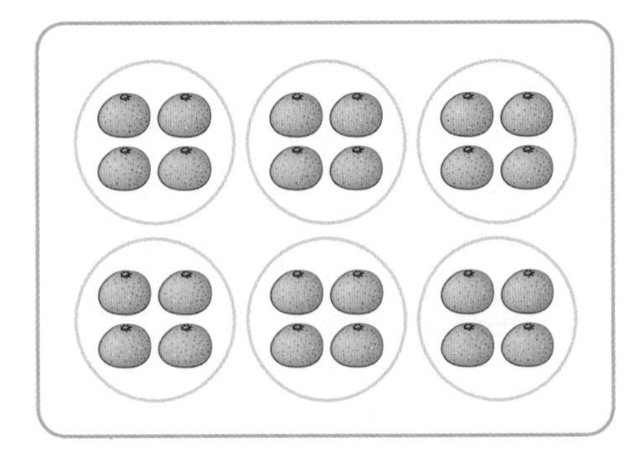

➡ $4\times\square=\square$

9

➡ $4\times\square=\square$

10

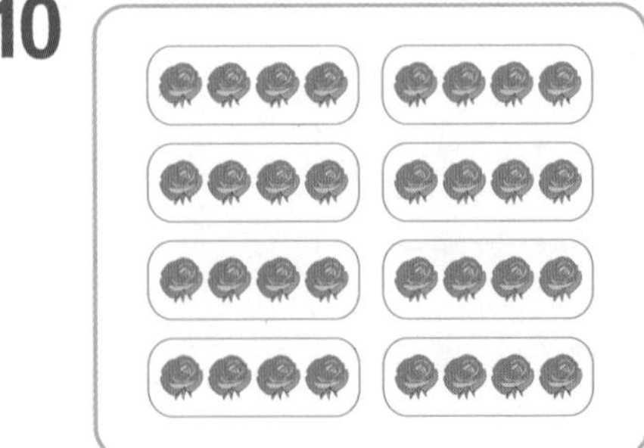

➡ $4\times\square=\square$

8의 단 곱셈구구

정답 6쪽

[1 ~ 6] □ 안에 알맞은 수를 써넣으세요.

1 $8\times2=\square$

2 $8\times5=\square$

3 $8\times7=\square$

4 $8\times\square=72$

5 $8\times\square=32$

6 $8\times\square=48$

2 단원

[7 ~ 10] 그림을 보고 □ 안에 알맞은 수를 써넣으세요.

7

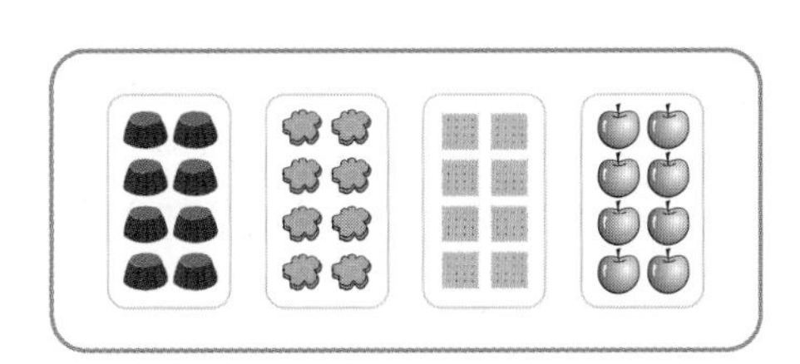

➡ $8\times\square=\square$

8

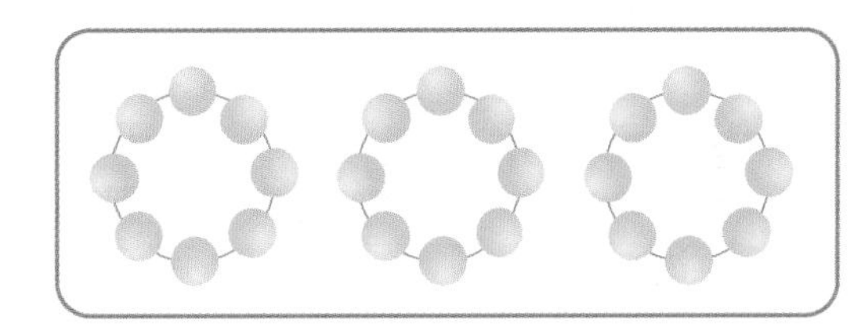

➡ $8\times\square=\square$

9

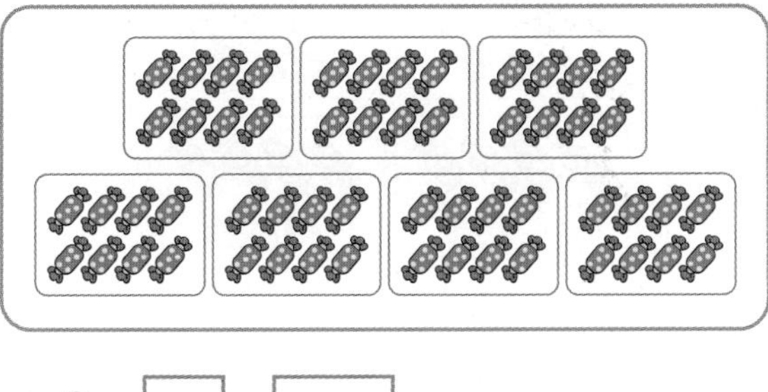

➡ $8\times\square=\square$

10

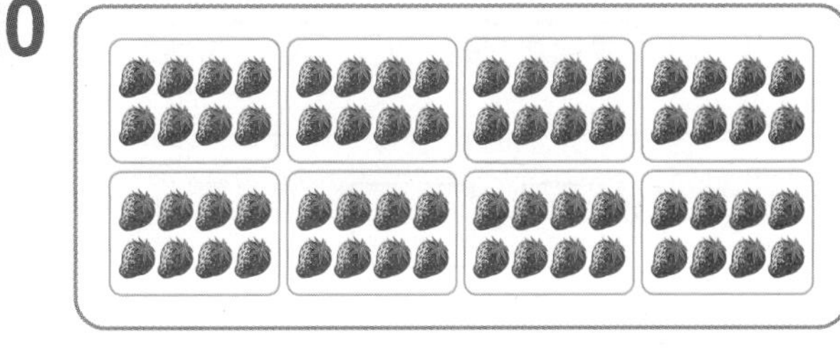

➡ $8\times\square=\square$

2단계 계산이 쉽다

7의 단 곱셈구구

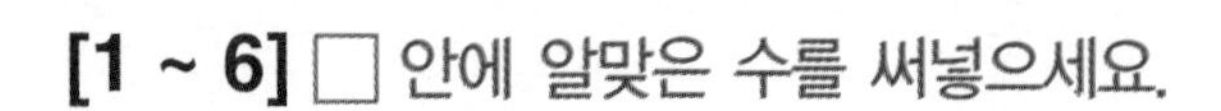
[1 ~ 6] □ 안에 알맞은 수를 써넣으세요.

1 $7\times4=\square$

2 $7\times7=\square$

3 $7\times6=\square$

4 $7\times\square=63$

5 $7\times\square=14$

6 $7\times\square=35$

[7 ~ 10] 그림을 보고 □ 안에 알맞은 수를 써넣으세요.

7

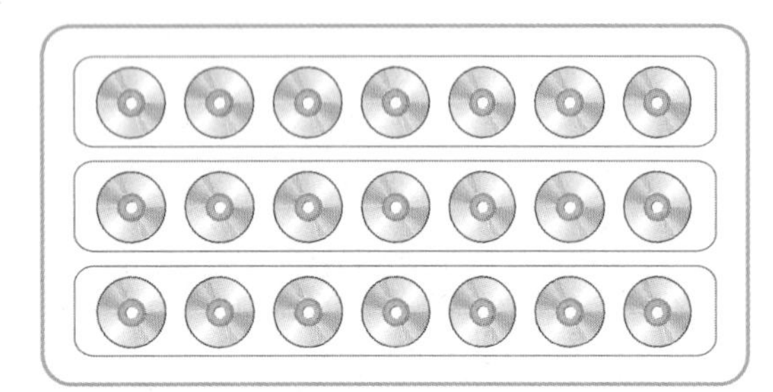

➡ $7\times\square=\square$

8

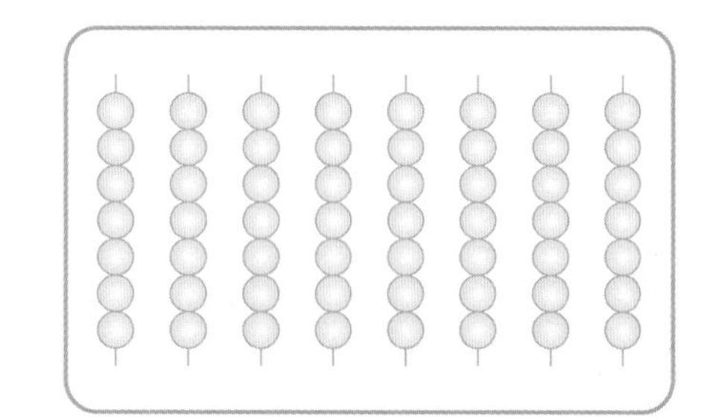

➡ $7\times\square=\square$

9

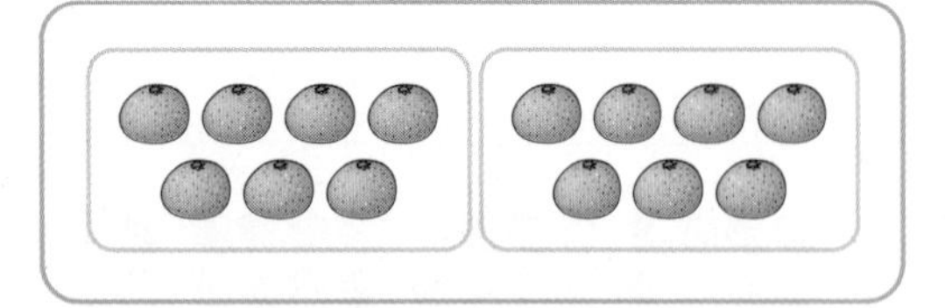

➡ $7\times\square=\square$

10

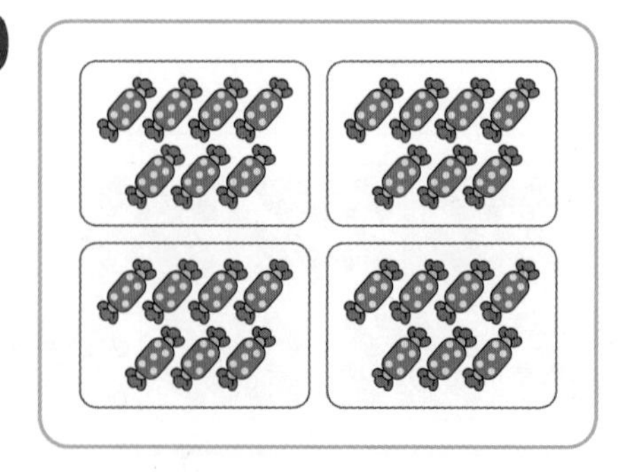

➡ $7\times\square=\square$

9의 단 곱셈구구

정답 7쪽

[1 ~ 6] □ 안에 알맞은 수를 써넣으세요.

1 $9\times2=\square$

2 $9\times7=\square$

3 $9\times6=\square$

4 $9\times\square=45$

5 $9\times\square=72$

6 $9\times\square=81$

[7 ~ 10] 그림을 보고 □ 안에 알맞은 수를 써넣으세요.

7

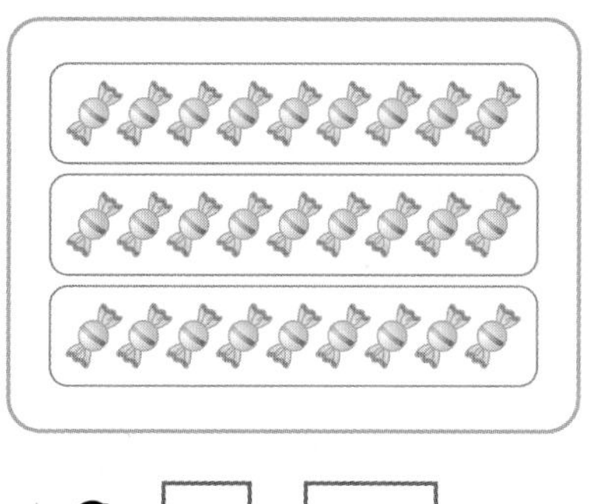

➡ $9\times\square=\square$

8

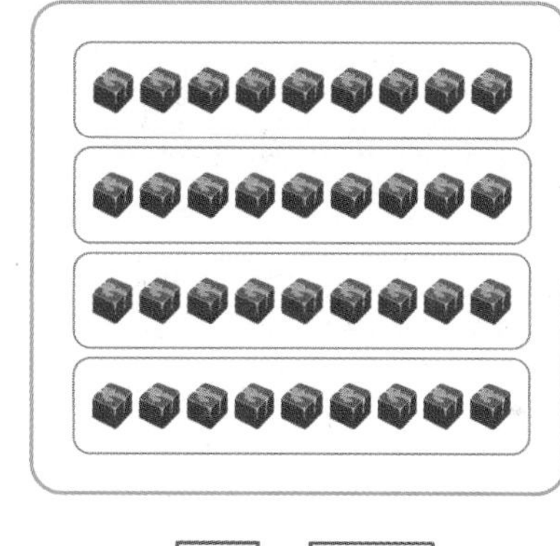

➡ $9\times\square=\square$

9

➡ $9\times\square=\square$

10

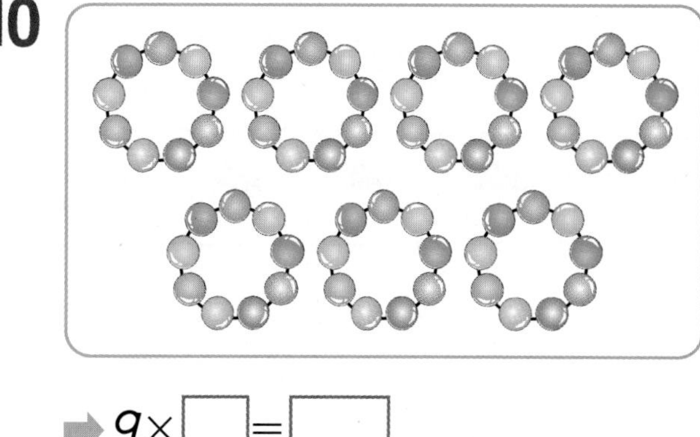

➡ $9\times\square=\square$

1단계 개념이 쉽다

❺ 1의 단 곱셈구구, 0의 곱

★ 1의 단 곱셈구구

- 어떤 수와 1의 곱은 항상 어떤 수 자신이 됩니다.
  ➡ $4\times1=4$
- 1과 어떤 수의 곱은 항상 어떤 수 자신이 됩니다.
  ➡ $1\times5=5$

×	1	2	3	4	5	6	7	8	9
1	1	2	3	4	5	6	7	8	9

+1 +1 +1 +1 +1 +1 +1 +1

- 1의 단 곱셈구구에서는 곱하는 수가 1씩 커지면 곱도 1씩 커집니다.

★ 0의 곱

- 어떤 수와 0의 곱은 항상 0이 됩니다.
  ➡ $3\times0=0$
- 0과 어떤 수의 곱은 항상 0이 됩니다.
  ➡ $0\times7=0$

×	1	2	3	4	5	6	7	8	9
0	0	0	0	0	0	0	0	0	0

모두 0입니다.

- (어떤 수)×1=(어떤 수), 1×(어떤 수)=(어떤 수)
- (어떤 수)×0=0, 0×(어떤 수)=0

1 빵의 수를 알아보려고 합니다. 그림을 보고 □ 안에 알맞은 수를 써넣으세요.

(1)

➡ $1\times2=$□

(2)

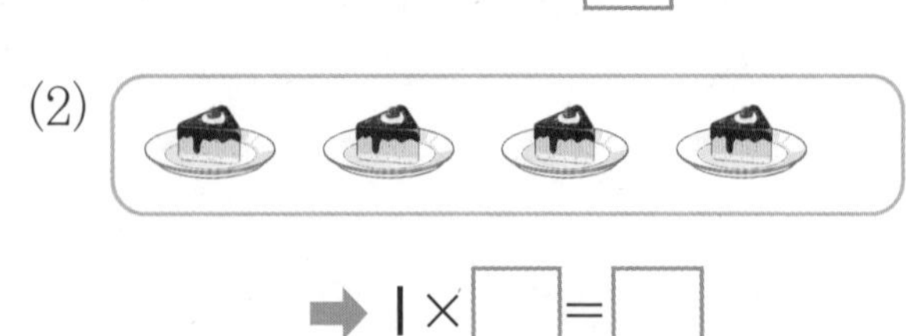

➡ $1\times$□$=$□

(3)

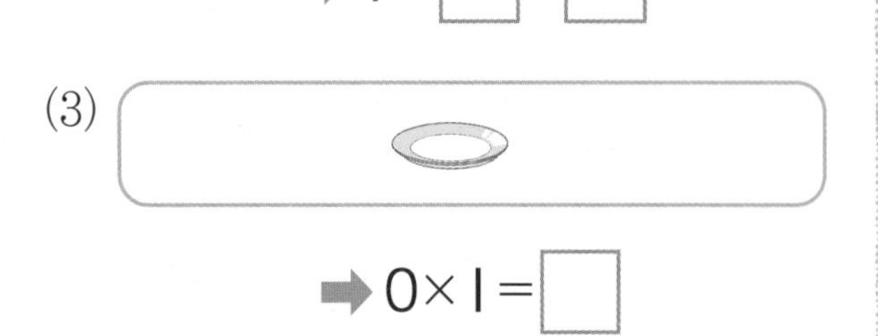

➡ $0\times1=$□

2 □ 안에 알맞은 수를 써넣으세요.

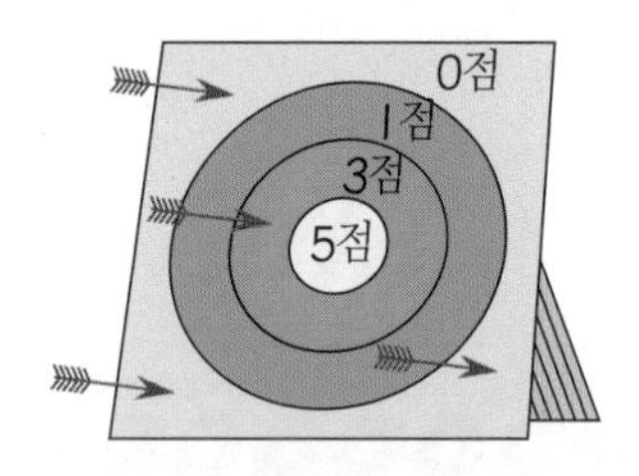

(1) 0점을 3번 맞혔을 때 얻은 점수는 $0\times3=$□(점)입니다.

(2) 3점을 한 번 맞혔을 때 얻은 점수는 $3\times1=$□(점)입니다.

(3) 5점을 한 번도 맞히지 못했을 때 얻은 점수는 $5\times0=$□(점)입니다.

문제가 쉽다

정답 7쪽

[1 ~ 2] 튤립의 수를 알아보려고 합니다. 그림을 보고 □ 안에 알맞은 수를 써넣으세요.

1

➡ $1 \times \square = 7$

2

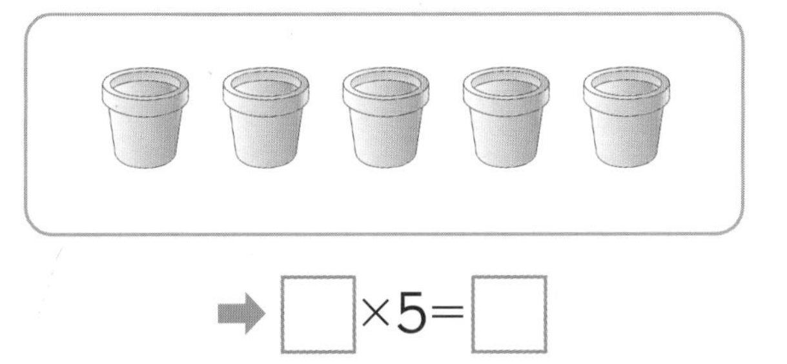

➡ $\square \times 5 = \square$

3 빈칸에 알맞은 수를 써넣으세요.

×	1	2	3	4	5	6	7	8	9
1	1								

4 □ 안에 알맞은 수를 써넣으세요.

(1) $1 \times 9 = \square$

(2) $0 \times 4 = \square$

5 빈칸에 알맞은 수를 써넣으세요.

(1)

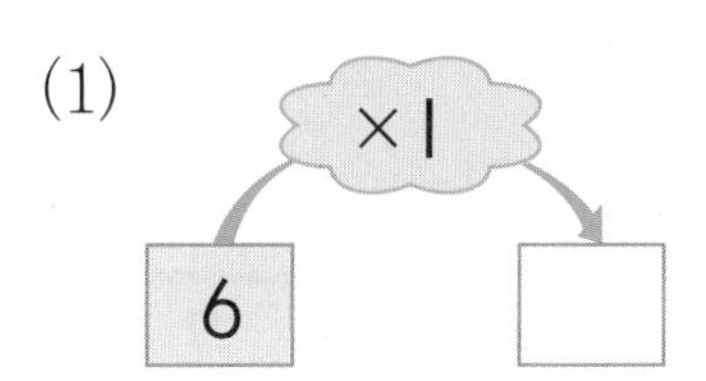

(2)

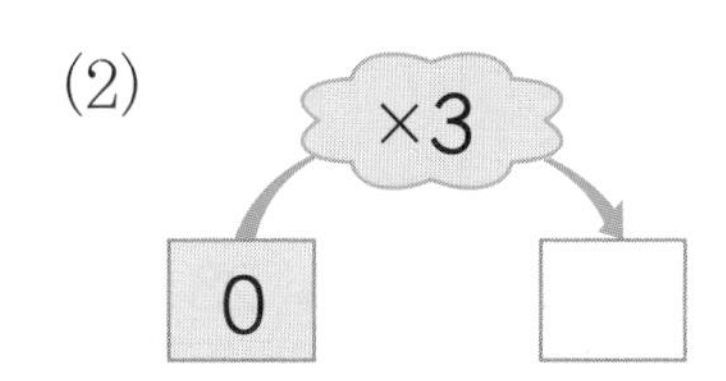

6 빈 곳에 알맞은 수를 써넣으세요.

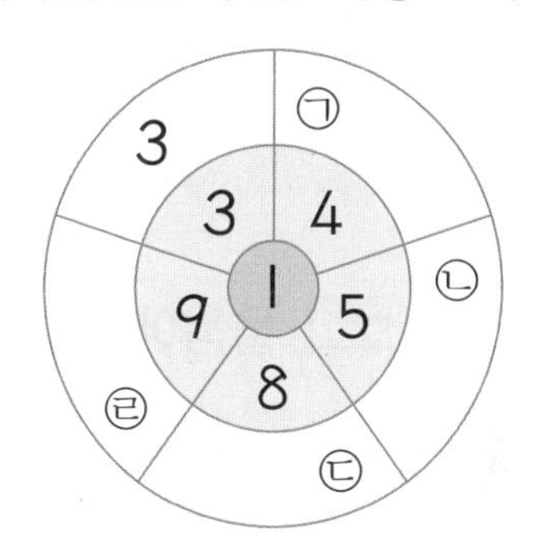

7 다음 중 곱셈을 바르게 한 것을 모두 고르세요.

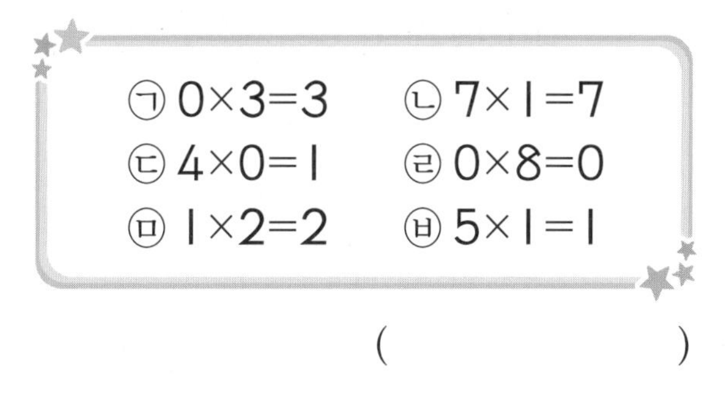

(　　　　　　)

2 단원

1 단계 개념이 쉽다

❻ 곱셈표 만들기

★ **곱셈표**

1과 어떤 수의 곱은 어떤 수입니다.

×	1	2	3	4	5	6	7	8	9
1	1	2	3	4	5	6	7	8	9
2	2	4	6	8	10	12	14	16	18
3	3	6	9	12	15	18	21	24	27
4	4	8	12	16	20	24	28	32	36
5	5	10	15	20	25	30	35	40	45
6	6	12	18	24	30	36	42	48	54
7	7	14	21	28	35	42	49	56	63
8	8	16	24	32	40	48	56	64	72
9	9	18	27	36	45	54	63	72	81

- ★의 단 곱셈구구에서 곱은 ★씩 커집니다.
  - 예 3의 단 곱셈구구에서 곱은 3씩 커집니다.
- 곱셈에서 곱하는 두 수의 순서를 바꾸어 곱해도 곱이 같습니다.
  - 예 $3\times7=21$, $7\times3=21$
  - ➡ 곱이 같습니다.

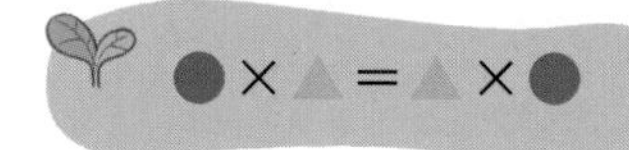

- 곱셈에서 곱하는 두 수를 서로 바꾸어 곱해도 그 곱은 같습니다.

●×▲=▲×●

1 곱셈표를 보고 물음에 답하세요.

×	1	2	3	4	5	6	7	8	9
5	5		15	20	25	30		40	45
6	6	12	18	24		36	42	48	54
7	7	14		28	35		49		63
8	8	16	24	32	40	48	56	64	
9		18	27		45	54	63	72	81

(1) 곱셈표를 완성하세요.

(2) 7의 단 곱셈구구에서는 곱이 얼마씩 커질까요?

( )

2 □ 안에 알맞은 수를 써넣으세요.

(1)

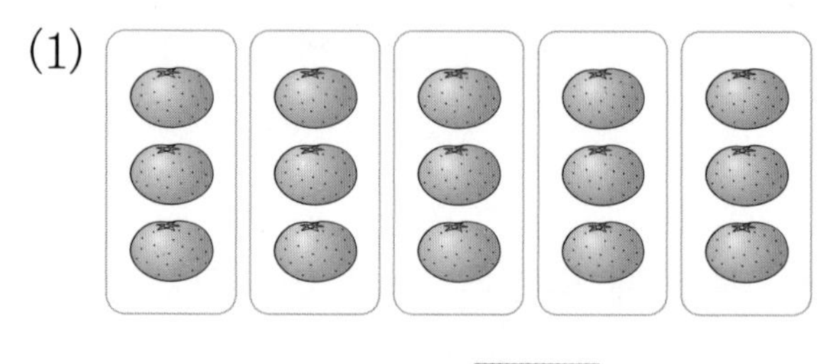

$3\times5=$□

(2)

$5\times3=$□

문제가 쉽다

정답 7쪽

[1 ~ 4] 곱셈표를 보고 물음에 답하세요.

×	1	2	3	4	5	6	7	8
2	2				10			
3			9					24
4		8					28	
5	5			20			35	
6		12			30	36		

1 곱셈표를 완성하세요.

2 4의 단 곱셈구구에서는 곱이 얼마씩 커지나요?

( )

3 보라색으로 칠한 부분과 곱이 같은 곳에 색칠하세요.

4 4×5와 곱이 같은 곱셈식을 쓰세요.

( )

[5 ~ 7] 빈 곳에 알맞은 수를 써넣어 곱셈표를 완성하세요.

5

×	1	2	3
7	7		
8			24
9			

6

×	6	7	8	9
4	24			
5			40	
6			48	

7

×	3	4		6
2	6			
3	9		15	
4				24
5			25	

8 계산 결과가 3×4와 같은 것을 모두 고르세요.

㉠ 6×3 ㉡ 4×3
㉢ 5×4 ㉣ 8×2
㉤ 2×6 ㉥ 7×3

( )

2 단원

1 단계 개념이 쉽다

❼ 곱셈구구로 문제 해결하기

레몬을 한 상자에 2개씩 담아서 팔고 있습니다. 레몬은 모두 몇 개인지 곱셈식으로 알아보세요.

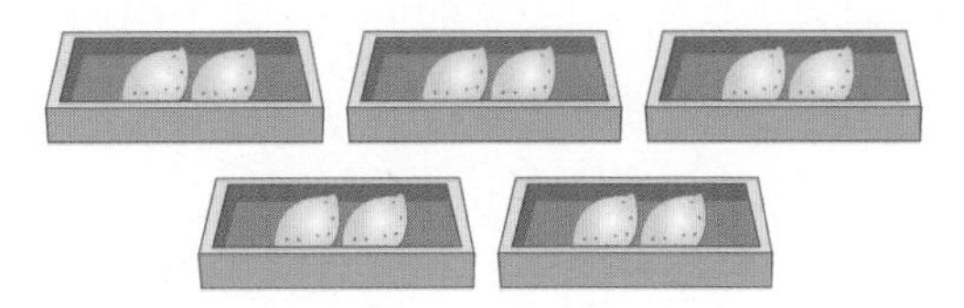

• 2상자에 들어 있는 레몬은 몇 개일까요?
➡ 레몬이 2개씩 2상자이므로 $2\times2=4$(개)입니다.

• 3상자에 들어 있는 레몬은 몇 개일까요?
➡ 레몬이 2개씩 3상자이므로 $2\times3=6$(개)입니다.

• 5상자에 들어 있는 레몬은 몇 개일까요?
➡ 레몬이 2개씩 5상자이므로 $2\times5=10$(개)입니다.
➡ 2개씩 2상자보다 3상자 더 있으므로 2×2에 2×3을 더하면 10개입니다.

[1 ~ 3] 접시 한 개에 딸기가 4개씩 있습니다. 딸기는 모두 몇 개인지 곱셈식으로 알아보세요.

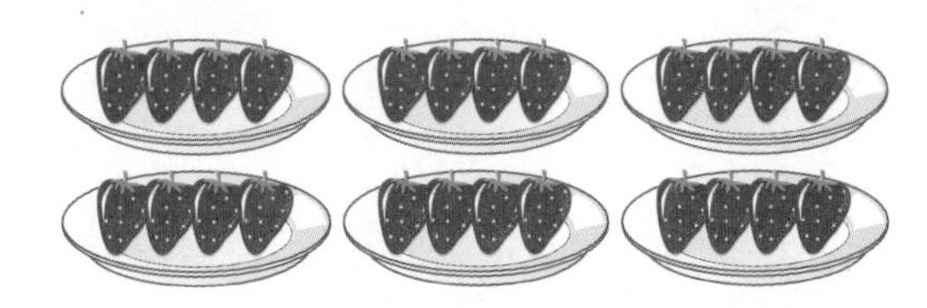

1 접시 2개에 있는 딸기는 몇 개일까요?

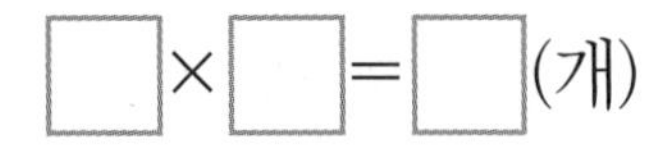

□×□=□(개)

2 접시 4개에 있는 딸기는 몇 개일까요?

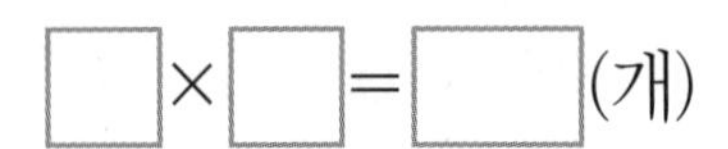

□×□=□(개)

3 접시 6개에 있는 딸기는 몇 개일까요?

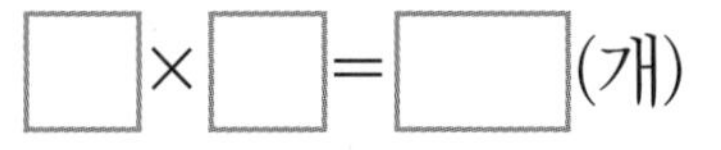

□×□=□(개)

4 주머니에 구슬이 8개씩 들어 있습니다. 5개의 주머니에 들어 있는 구슬은 모두 몇 개일까요?

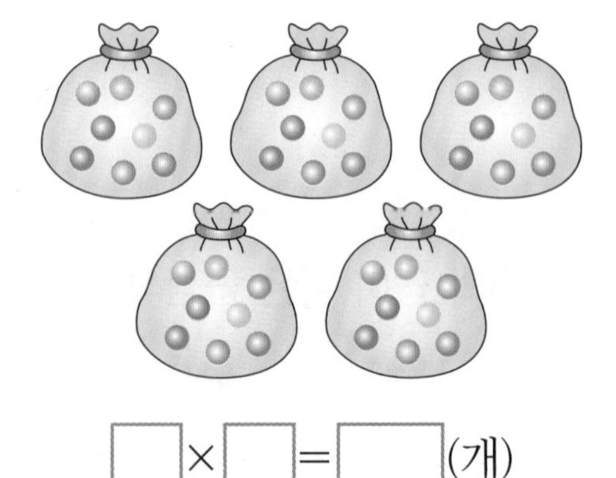

□×□=□(개)

문제가 쉽다

정답 8쪽

1 사과가 한 봉지에 4개씩 들어 있습니다. 5봉지에 들어 있는 사과는 모두 몇 개인지 곱셈식으로 알아보세요.

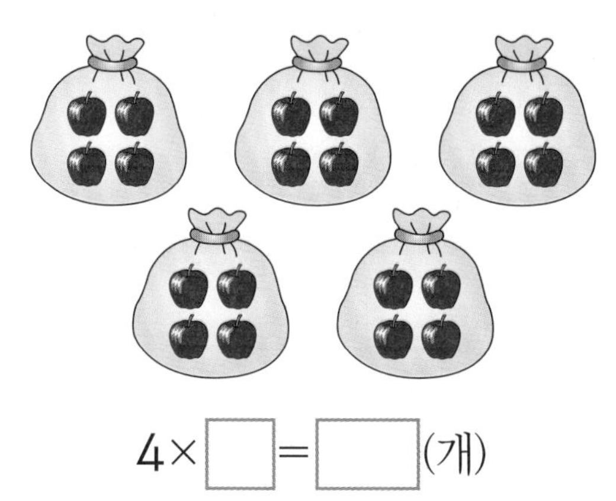

4×□=□(개)

2 만두가 한 접시에 3개씩 담겨 있습니다. 8접시에 담겨 있는 만두는 모두 몇 개인지 곱셈식으로 알아보세요.

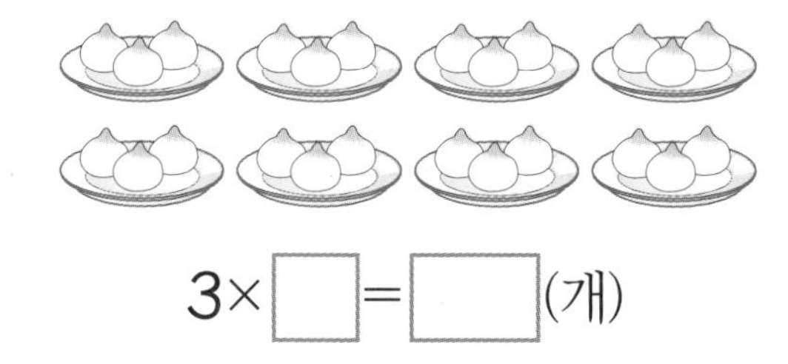

3×□=□(개)

3 음료수가 한 상자에 6개씩 들어 있습니다. 6상자에 들어 있는 음료수는 모두 몇 개인지 곱셈식으로 알아보세요.

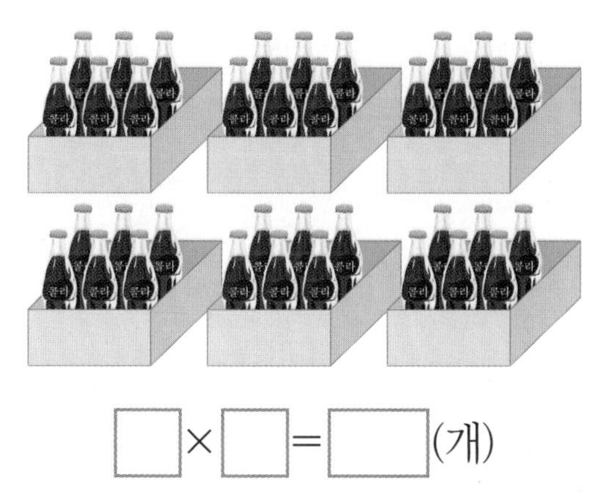

□×□=□(개)

4 털실이 한 바구니에 5개씩 들어 있습니다. 7개의 바구니에 들어 있는 털실은 모두 몇 개인지 곱셈식으로 알아보세요.

□×□=□(개)

5 초콜릿이 한 봉지에 6개씩 들어 있습니다. 8봉지에 들어 있는 초콜릿은 모두 몇 개인지 구하세요.

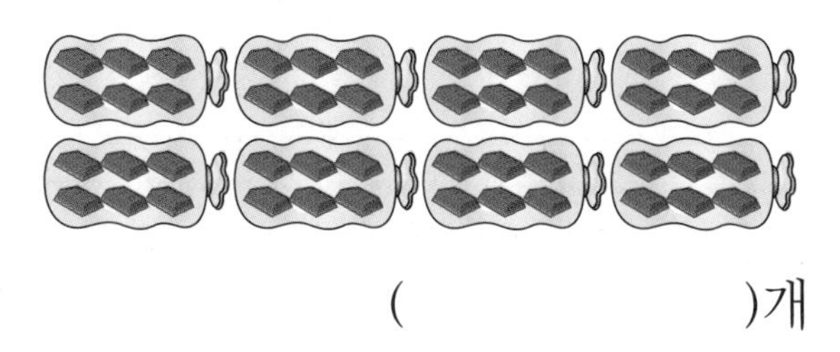

(　　　　)개

6 소율이는 한 상자에 담긴 개수가 똑같은 과자 4상자를 샀습니다. 산 과자가 모두 36개라면 소율이가 산 과자는 한 상자에 몇 개씩 담겨 있을까요?

(　　　　)개

2 단원

2단계 계산이 쉽다

1의 단 곱셈구구와 0의 곱

[1 ~ 12] □ 안에 알맞은 수를 써넣으세요.

1 $1\times2=\square$

2 $1\times9=\square$

3 $4\times1=\square$

4 $6\times1=\square$

5 $3\times\square=3$

6 $\square\times8=8$

7 $0\times1=\square$

8 $0\times3=\square$

9 $4\times0=\square$

10 $6\times0=\square$

11 $9\times\square=0$

12 $\square\times2=0$

곱셈표 만들기

정답 9쪽

[1 ~ 6] 빈 곳에 알맞은 수를 써넣어 곱셈표를 완성하세요.

1

×	6	7
1	6	
2		14

2

×	3	4
4		16
5	15	

3

×	5	6	7
2	10		14
3			21
4	20	24	

4

×	1	2	3
7	7		
8		16	24
9	9		27

5

×	2	3		5
3	6	9	12	
4	8		16	
5		15	20	25
6		18		30

6

×	4	5	6	7
	24	30		42
7	28		42	49
8		40	48	
9	36	45		63

7 곱셈표를 보고 물음에 답하세요.

×	1	2	3	4
1	1	2	3	4
2	2	4	6	8
3	3	6	9	12
4	4	8	12	16

(1) 3×2와 2×3을 찾아 ○표 하세요.

(2) ○ 안에 >, =, <를 알맞게 써넣으세요.

3×2 ○ 2×3

2 단원

[1 ~ 2] 도넛이 한 상자에 5개씩 들어 있습니다. 그림을 보고 물음에 답하세요.

1 4상자에 들어 있는 도넛은 몇 개일까요?

( )개

2 8상자에 들어 있는 도넛은 몇 개일까요?

( )개

3 준수네 반에 사물함이 한 층에 7개씩 4층으로 되어 있습니다. 사물함은 모두 몇 개인지 곱셈식으로 알아보세요.

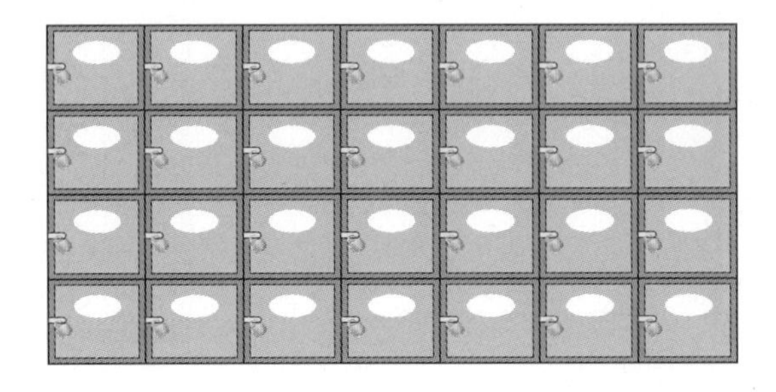

식 ____________________

답 ____________ 개

4 세발자전거 6대의 바퀴는 모두 몇 개인지 곱셈식으로 알아보세요.

식 ____________________

답 ____________ 개

곱셈구구로 문제 해결하기

정답 9쪽

1 승철이는 오른쪽 그림과 같이 벽에 타일을 붙였습니다. 벽에 붙인 타일은 모두 몇 장인지 곱셈식으로 알아보세요.

2 준혁이는 과녁에 화살을 다음과 같이 맞혔습니다. 준혁이가 얻은 점수는 모두 몇 점인지 구하세요.

( )점

[3 ~ 5] 투호는 항아리에 화살을 던져 넣는 놀이입니다. 화살을 넣으면 2점, 넣지 못하면 0점이고, 점수가 높은 사람이 이긴다고 할 때, 아버지와 현수 중 누가 이겼는지 알아보세요.

	넣은 횟수(번)	넣지 못한 횟수(번)
아버지	4	1
현수	2	3

3 아버지의 점수는 몇 점일까요?

( )점

4 현수의 점수는 몇 점일까요?

( )점

5 이긴 사람은 누구일까요?

( )

2 단원

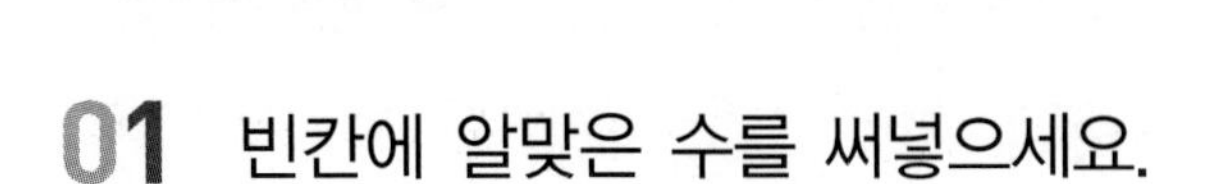

01 빈칸에 알맞은 수를 써넣으세요.

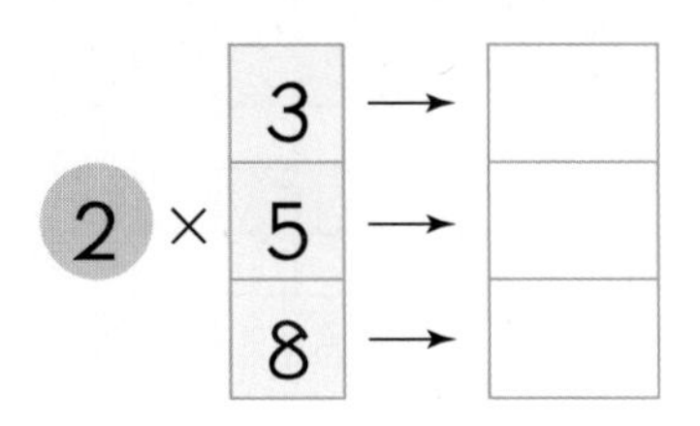

02 빈칸에 알맞은 수를 써넣으세요.

(1)

×	1	2	3	4	5	6
2	2	4				

(2)

×	1	2	5	6	8	9
5	5					

03 □ 안에 알맞은 수를 써넣으세요.

(1) $2\times9=$ □

(2) $2\times8=$ □

(3) $5\times8=$ □

(4) $5\times7=$ □

[4 ~ 5] 그림을 보고 □ 안에 알맞은 수를 써넣으세요.

04

0 3 6 9 12 15

➡ □$\times5=$□

05

➡ $6\times$□$=$□

06 빈 곳에 알맞은 수를 써넣으세요.

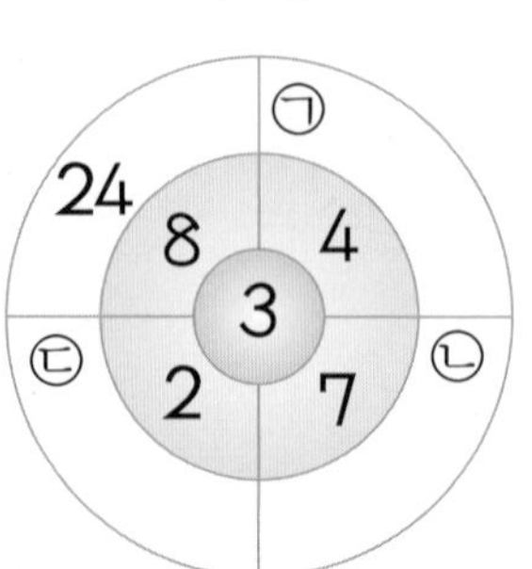

정답 9쪽

07 접시 한 개에 사과가 4개씩 담겨 있습니다. 접시 5개에 담겨 있는 사과는 모두 몇 개인지 곱셈식으로 알아보세요.

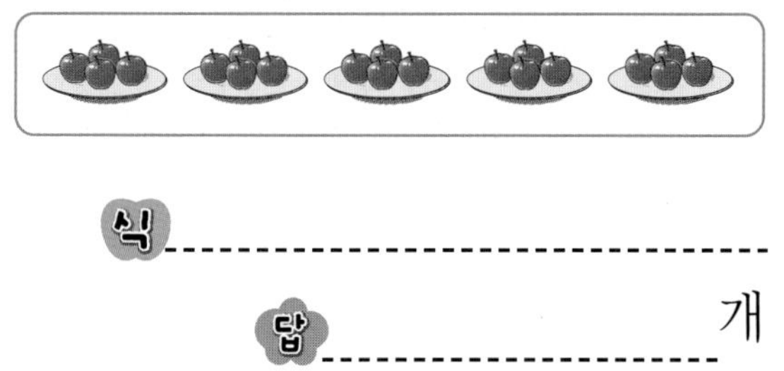

식 ________________

답 ____________ 개

08 빈칸에 알맞은 수를 써넣으세요.

(1)

×	2	4	5	7	9
7					

(2)

×	3	4	6	7	8
9					

09 ○ 안에 > 또는 <를 알맞게 써넣으세요.

8×3 ○ 7×5

10 곱이 같은 것끼리 선으로 이어 보세요.

6×3 •	• 3×8
6×2 •	• 2×9
6×4 •	• 4×3

[11 ~ 12] 빈칸에 알맞은 수를 써넣으세요.

11

(→ ×, ↓ ×)

8	4	32
5	9	㉠
㉡	㉢	

12

(→ ×, ↓ ×)

9	7	㉠
6	3	㉡
㉢	㉣	

13 빈칸에 알맞은 수를 써넣으세요.

×	0	1
2		
3		
5		
8		

14 □ 안에 알맞은 수를 써넣으세요.

(1) $1 \times 3 = \square \times 1$

(2) $8 \times 0 = \square \times 5$

15 곱셈표를 완성하세요.

×	4	5	6	7	8
2	8		12		
7		35		49	
8				56	64
9			54		72

16 □ 안에 알맞은 수를 써넣으세요.

(1) $5 \times 7 = 7 \times \square$

(2) $9 \times 4 = 4 \times \square$

17 4×6과 곱이 같은 것을 찾아 기호를 쓰세요.

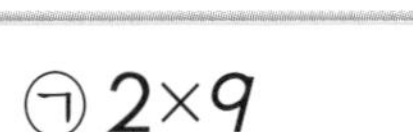

㉠ 2×9 ㉡ 3×8
㉢ 9×3 ㉣ 6×6

( )

학교시험 예상문제

18 바나나가 한 송이에 5개씩 달려 있습니다. 바나나 6송이에는 모두 몇 개의 바나나가 달려 있을까요?

( )개

19 바르게 계산한 것을 찾아 기호를 쓰세요.

㉠ 7×2=16 ㉡ 6×4=34
㉢ 9×7=63 ㉣ 8×6=56

( )

20 6명씩 앉을 수 있는 긴 의자가 6개 있습니다. 긴 의자에 앉을 수 있는 사람은 모두 몇 명인지 곱셈식으로 알아보세요.

식 ____________________

답 ____________________ 명

3 길이 재기

1. cm보다 더 큰 단위,
자로 길이 재어 보기
2. 길이의 합 구하기
3. 길이의 차 구하기
4. 길이 어림하기

이야기로 알아보기

여기 내가 타고다니는 근두운이 있다.
우와 정말 타보고 싶었어요~
폴짝
쯧쯧 근두운을 아무나 타는 줄 아냐?
으앗~!!
쿠당
근두운을 타려면 먼저 이 근두운의 길이를 알아야한다. 이 근두운은 100 cm란다.
그럼 1미터네요~
100cm=1m
1m
그래 잘 맞췄구나 근두운을 타보거라.
어머 푹신푹신해요
휘잉
꺄아~ 너무 신나요~
우와~~
퍽
꺄악!!
아프겠다~~

멈추는 법을 깜빡하고
말 안해줬네 헤헤
히잉
너무해~

산신령이 되려면
나처럼 근두운을
자유자재로 다룰수
있어야 한단다~
소옥
우와
작아졌다~
어림해서
한뼘 정도로
작아졌구나 후후~

사실은 오늘 너희들에게
중요하게 할 말이 있구나.
진지한 얼굴
안어울린다.

나도 이제 늙었고
너희 둘 중에 후계자를
정하려고 한다~
정말요?!!

둘 중에 혹독한 테스트를 통과한
1명만이 나의 후계자가 될 수 있다.

자
다들 각오는
됐겠지?!!

혹독하다면
난 포기할래
네가 후계자해~
싫어
네가 해~
이놈들이...

1 단계 개념이 쉽다

❶ cm보다 더 큰 단위 알아보기, 자로 길이 재어 보기

★ cm보다 더 큰 단위 알아보기

100 cm를 1 미터라고 합니다.
1 미터를 1 m라고 씁니다.

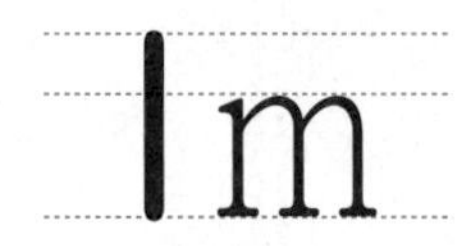

★ 몇 m 몇 cm 알아보기

120 cm는 1 m보다 20 cm 더 깁니다.
120 cm를 1 m 20 cm라고 씁니다.
1 m 20 cm를 1 미터 20 센티미터라고 읽습니다.

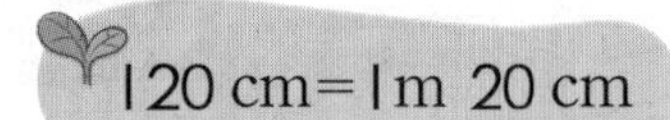

★ 자로 길이 재어 보기

줄자를 이용하여 길이 재는 방법

① 물건의 한끝을 줄자의 눈금 0에 맞춥니다.

② 물건의 다른 쪽 끝에 있는 줄자의 눈금을 읽습니다.

㉠ 액자의 긴 쪽의 길이 재기

① 액자의 왼쪽 끝을 줄자의 눈금 0에 맞춥니다.

② 액자의 오른쪽 끝에 있는 줄자의 눈금이 120이므로 액자의 긴 쪽의 길이는 1 m 20 cm입니다.

1 □ 안에 알맞은 수를 써넣으세요.

(1) 140 cm는 100 cm+□ cm 입니다.

(2) 100 cm=□ m이므로 140 cm는 1 m보다 □ cm 더 깁니다.

(3) 140 cm는 □ m □ cm입니다.

2 그림을 보고 빈칸에 알맞은 수를 써넣으세요.

0 1 m

0 10 20 30 40 50 60 70 80 90 100 cm

(1) 1 cm씩 100번 재면 □ cm 입니다.

(2) 10 cm씩 10번 재면 □ cm 입니다.

(3) 100 cm는 □ m입니다.

문제가 쉽다

정답 10쪽

1 □ 안에 알맞은 수를 써넣으세요.

(1) 3 m= □ cm

(2) 5 m= □ cm

(3) 900 cm= □ m

2 □ 안에 알맞은 수를 써넣으세요.

(1) 230 cm= □ cm+30 cm
= □ m+30 cm
= □ m □ cm

(2) 6 m 72 cm= □ m+72 cm
= □ cm+72 cm
= □ cm

3 □ 안에 알맞은 수를 써넣으세요.

1 m는 10 cm씩 □ 번 잰 길이와 같습니다.

4 길이를 읽어 보세요.

(1)

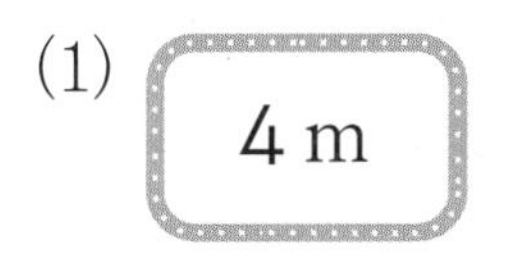

( )

(2)

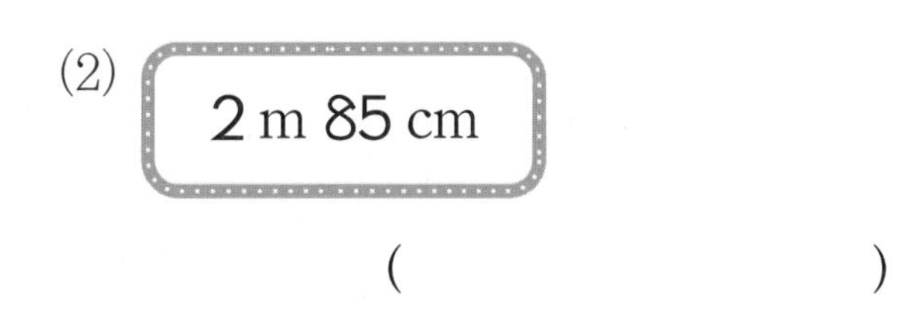

( )

5 1 m보다 긴 물건의 길이를 재는 데 알맞은 자에 ○표 하세요.

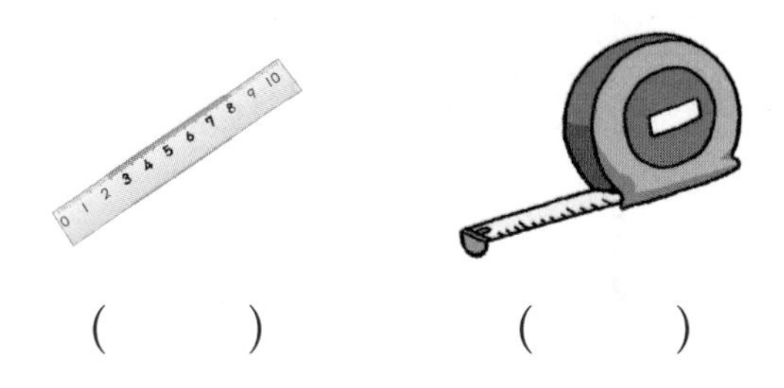

( ) ( )

6 가방에 들어 있던 물건을 이은 것입니다. 더 길게 이은 사람은 누구일까요?

지현

윤주

( )

3 단원

1단계 개념이 쉽다

② 길이의 합 구하기

★ **길이의 합을 구하는 원리**

• 2 m 50 cm + 2 m 40 cm의 계산

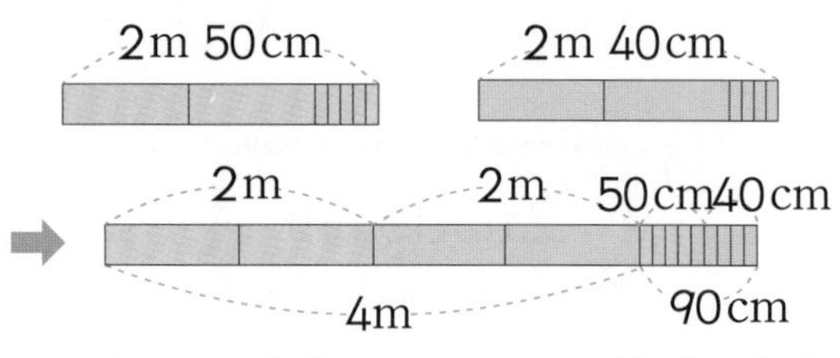

• m는 m끼리, cm는 cm끼리 더합니다.

★ **길이의 합 구하기**

• 가로셈에서 길이의 합 구하기

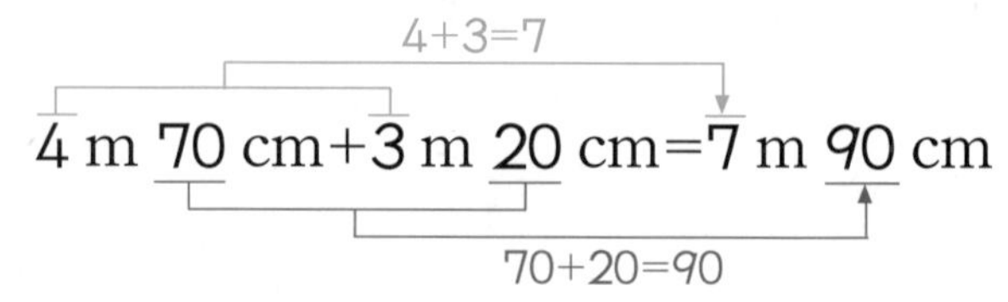

• 세로셈에서 길이의 합 구하기

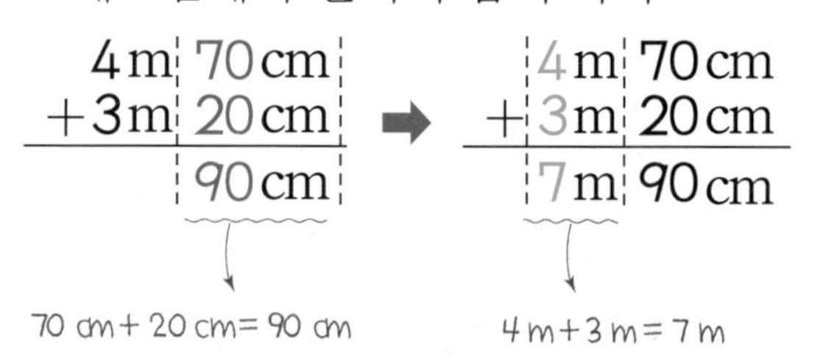

1 두 테이프의 길이의 합을 구하려고 합니다. □ 안에 알맞은 수를 써넣으세요.

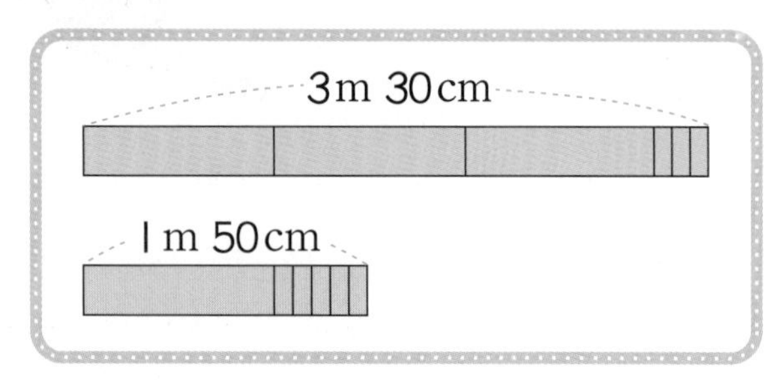

(1) cm끼리의 합 :

30 cm+50 cm=□ cm

(2) m끼리의 합 :

3 m+1 m=□ m

(3) 두 테이프의 길이의 합 :

3 m 30 cm+1 m 50 cm

=□ m □ cm

2 □ 안에 알맞은 수를 써넣으세요.

(1)

	4 m	20 cm
+	2 m	60 cm
		□ cm

➡

	4 m	20 cm
+	2 m	60 cm
	□ m	□ cm

(2)

	5 m	24 cm
+	2 m	31 cm
		□ cm

➡

	5 m	24 cm
+	2 m	31 cm
	□ m	□ cm

문제가 쉽다

정답 11쪽

1 그림을 보고 □ 안에 알맞은 수를 써넣으세요.

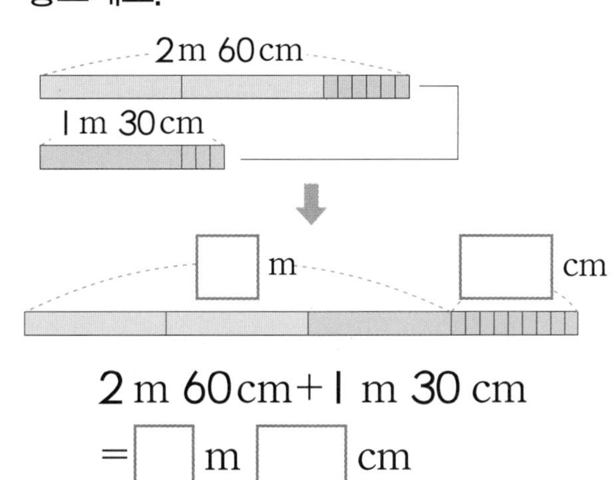

2 m 60 cm + 1 m 30 cm
= □ m □ cm

2 □ 안에 알맞은 수를 써넣으세요.

	6 m	52 cm
+	2 m	34 cm
	□ m	□ cm

3 □ 안에 알맞은 수를 써넣으세요.

(1) 3 m 52 cm + 4 m 17 cm

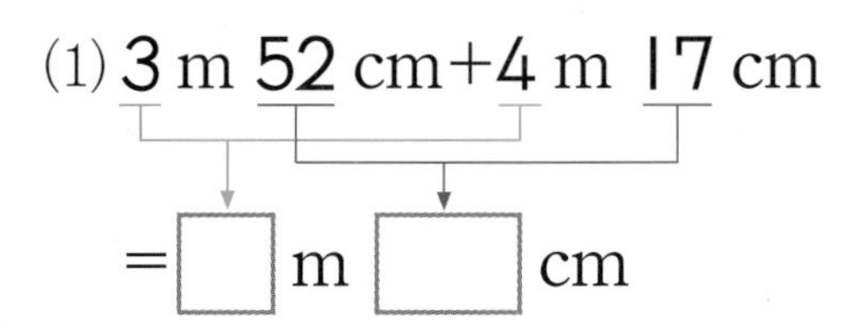

= □ m □ cm

(2) 5 m 38 cm + 1 m 24 cm

= □ m □ cm

4 길이의 합을 구하세요.

(1) 4 m 30 cm + 2 m 40 cm
= □ m □ cm

(2) 3 m 35 cm + 2 m 45 cm
= □ m □ cm

(3) 3 m 29 cm + 5 m 32 cm
= □ m □ cm

(4) 4 m 32 cm + 3 m 64 cm
= □ m □ cm

5 영채가 집에서 교회를 거쳐 학교까지 가는 거리는 몇 m 몇 cm일까요?

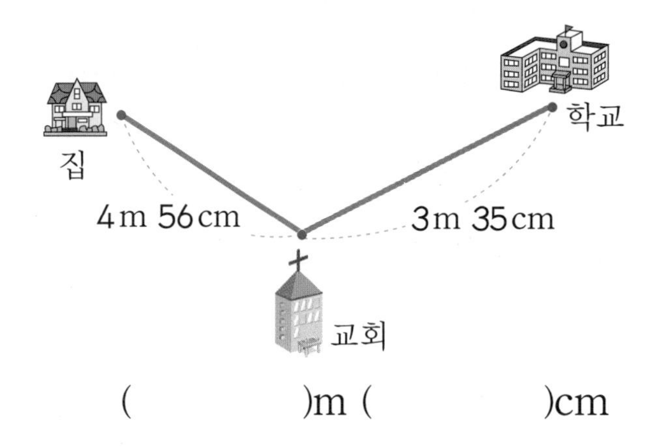

(   )m (   )cm

1단계 개념이 쉽다

❸ 길이의 차 구하기

★ **길이의 차를 구하는 원리**

• 4 m 90 cm−2 m 40 cm의 계산

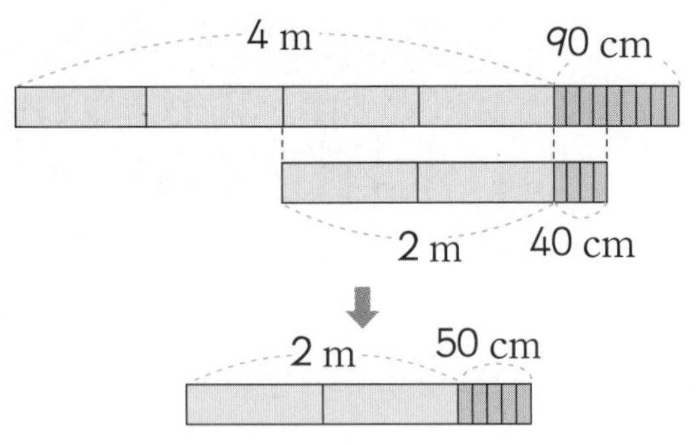

• m는 m끼리, cm는 cm끼리 뺍니다.

★ **길이의 차 구하기**

• 가로셈에서 길이의 차 구하기

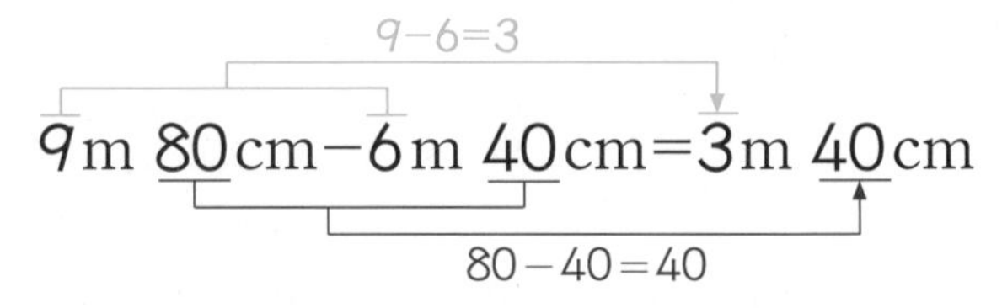

• 세로셈에서 길이의 차 구하기

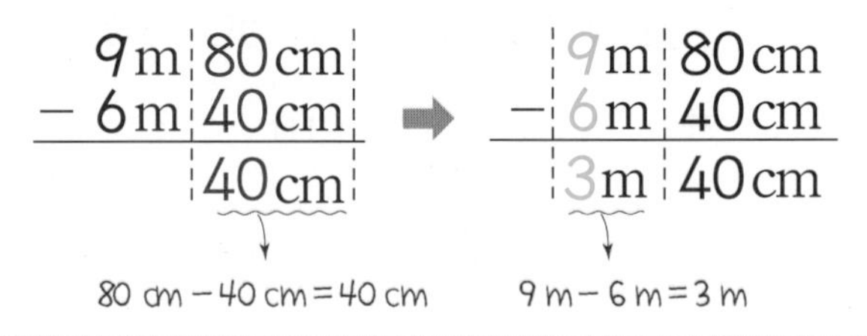

1 두 테이프의 길이의 차를 구하려고 합니다. □ 안에 알맞은 수를 써넣으세요.

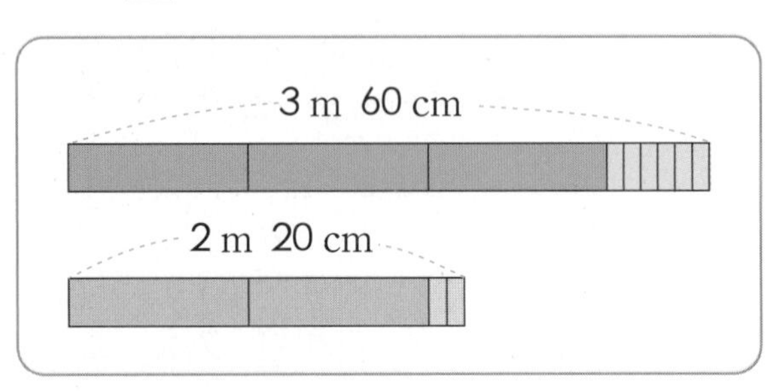

(1) cm끼리의 차 :

60 cm−20 cm=□ cm

(2) m끼리의 차 :

3 m−2 m=□ m

(3) 두 테이프의 길이의 차 :

3 m 60 cm−2 m 20 cm

=□ m □ cm

2 □ 안에 알맞은 수를 써넣으세요.

(1)

	m	cm
	7 m	8 0 cm
−	2 m	5 0 cm
		□ cm

➡

	m	cm
	7 m	8 0 cm
−	2 m	5 0 cm
	□ m	□ cm

(2)

	m	cm
	8 m	8 7 cm
−	4 m	7 3 cm
		□ cm

➡

	m	cm
	8 m	8 7 cm
−	4 m	7 3 cm
	□ m	□ cm

문제가 쉽다

정답 11쪽

1 그림을 보고 □ 안에 알맞은 수를 써넣으세요.

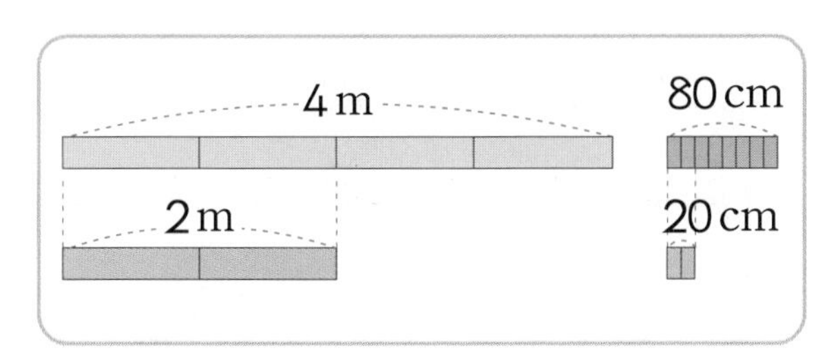

4 m 80 cm−2 m 20 cm
=□ m □ cm

2 □ 안에 알맞은 수를 써넣으세요.

(1)
  4 m 76 cm
− 2 m 54 cm
□ m □ cm

(2)
  8 m 29 cm
− 3 m 15 cm
□ m □ cm

3 □ 안에 알맞은 수를 써넣으세요.

7 m 85 cm−5 m 54 cm
=□ m □ cm

4 □ 안에 알맞은 수를 써넣으세요.

(1) 7 m 58 cm−4 m 46 cm
=□ m □ cm

(2) 6 m 57 cm−2 m 25 cm
=□ m □ cm

5 □ 안에 알맞은 수를 써넣으세요.

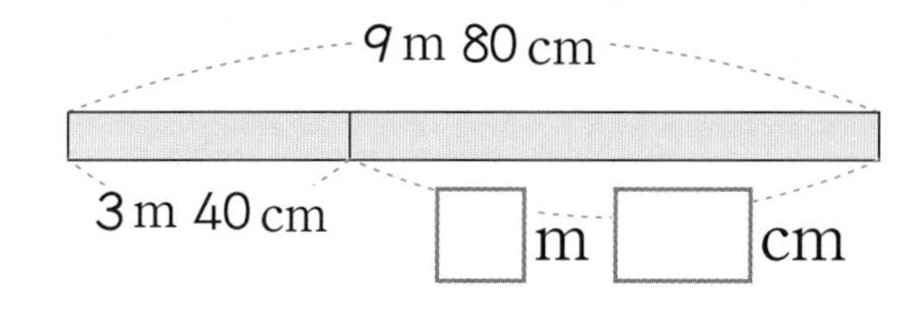

□ m □ cm

6 길이가 3 m 54 cm인 고무줄이 있습니다. 양쪽에서 잡아당겼더니 5 m 75 cm가 되었습니다. 고무줄은 몇 m 몇 cm 늘어났을까요?

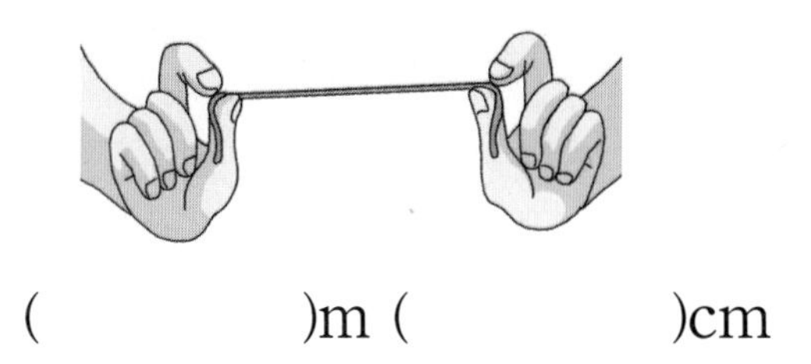

(　　　　)m (　　　　)cm

3 단원

❹ 길이 어림하기

★ 몸의 일부를 이용하여 1 m 재어 보기

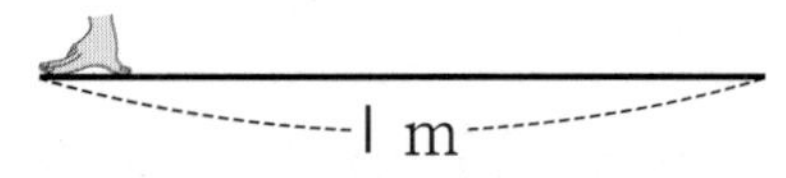

• 뼘으로 1 m를 재어 보면 7번입니다.

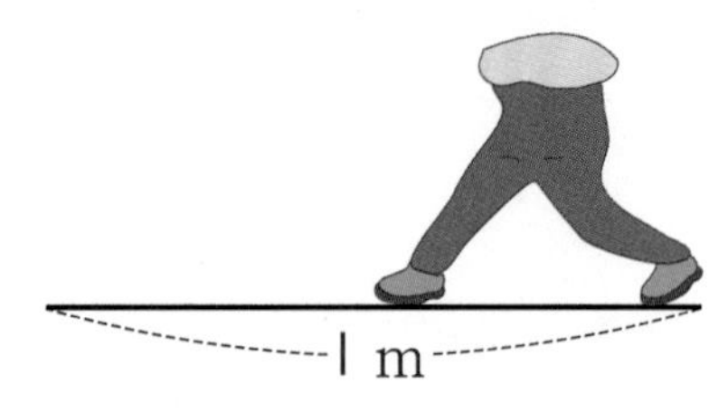

• 걸음으로 1 m를 재어 보면 2번입니다.

예 축구 골대의 길이 어림하기

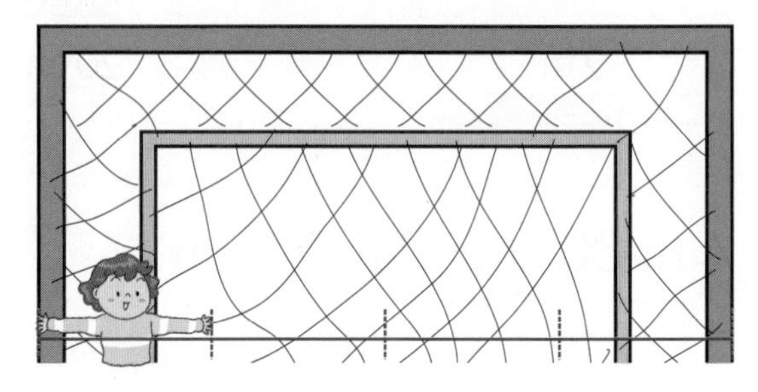

• 양팔의 길이는 1 m 20 cm입니다.
• 양팔의 길이로 4번은 4 m 80 cm입니다.
• 축구 골대는 양팔의 길이로 4번이므로 4 m 80 cm입니다.

1 나영이는 몸의 일부를 이용하여 4 m를 재려고 합니다. 물음에 답하세요.

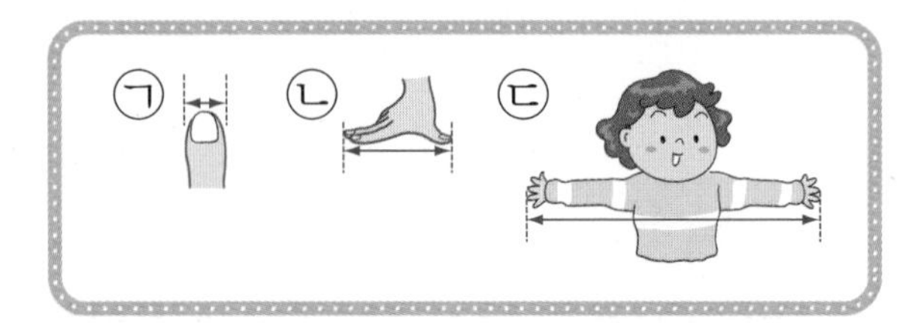

(1) 가장 적은 횟수로 잴 수 있는 몸의 일부를 찾아 기호를 쓰세요.

( )

(2) 가장 많은 횟수로 잴 수 있는 몸의 일부를 찾아 기호를 쓰세요.

( )

2 소율이는 한 걸음의 길이를 이용하여 색 테이프를 1 m 20 cm의 길이로 자르려고 합니다. □ 안에 알맞은 수를 써넣으세요.

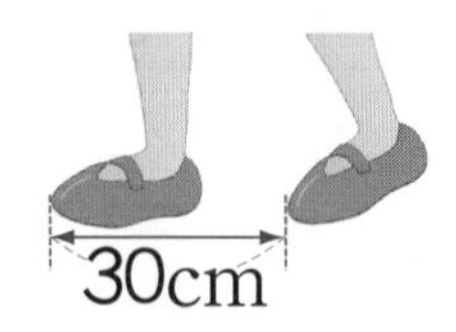

(1) 소율이의 한 걸음의 길이는 □ cm입니다.

(2) 1 m 20 cm는 □ cm입니다.

(3) 색 테이프는 소율이의 한 걸음의 길이의 □배 정도 되게 자르면 됩니다.

문제가 쉽다

정답 11쪽

1 여러 가지 물건의 길이를 재려고 합니다. 몸의 어느 부분으로 재는 것이 알맞을지 기호를 쓰세요.

(1) 지우개의 길이 (   )

(2) 책상의 긴 쪽의 길이

(   )

2 다음 중 m 단위를 사용하여 나타내기에 알맞은 것을 모두 고르세요.

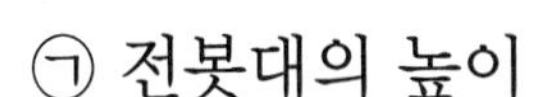

㉠ 전봇대의 높이
㉡ 지우개의 길이
㉢ 수학 익힘책의 긴 쪽의 길이
㉣ 교실의 긴 쪽의 길이

(   )

3 용주의 한 뼘은 15 cm입니다. 책장의 긴 쪽의 길이는 약 몇 cm일까요?

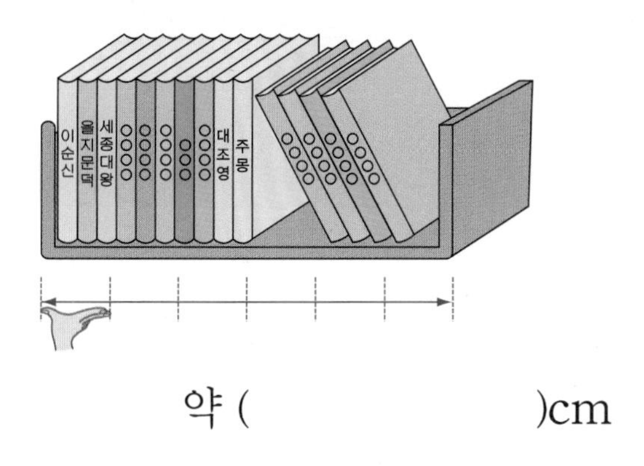

약 (   )cm

4 내 키보다 높은 물건을 모두 찾아 기호를 쓰세요.

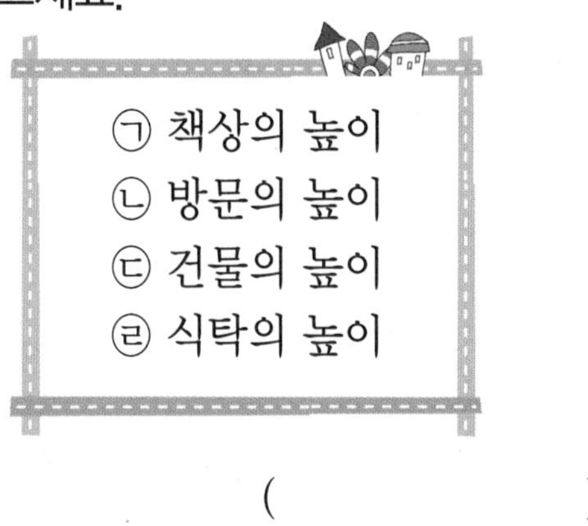

㉠ 책상의 높이
㉡ 방문의 높이
㉢ 건물의 높이
㉣ 식탁의 높이

(   )

5 지원이의 양팔 사이의 길이는 1 m입니다. 양팔로 건물의 긴 쪽의 길이를 재어 보았더니 20번이었습니다. □ 안에 알맞은 수를 써넣으세요.

(1) 지원이의 양팔 사이의 길이로 건물의 긴 쪽의 길이를 10번 재면 약 □ m입니다.

(2) 20번 잰 것은 10번씩 2번 잰 것이므로 건물의 긴 쪽의 길이는 약 □ m+□ m=□ m입니다.

6 서현이의 한 걸음의 길이는 40 cm입니다. 화단의 긴 쪽의 길이를 재어 보았더니 10걸음이었습니다. 화단의 긴 쪽의 길이는 약 몇 m일까요?

약 (   )m

3 단원

2단계 계산이 쉽다

cm보다 더 큰 단위 알기

[1 ~ 8] □ 안에 알맞은 수를 써넣으세요.

1 100 cm=□m

2 200 cm=□m

3 4 m=□cm

4 6 m=□cm

5 160 cm=□m □cm

6 370 cm=□m □cm

7 2 m 45 cm=□cm

8 5 m 8 cm=□cm

[9 ~ 12] 길이를 읽어 보세요.

9 6 m

(　　　　　　)

10 3 m 20 cm

(　　　　　　)

11 5 m 40 cm

(　　　　　　)

12 8 m 90 cm

(　　　　　　)

길이의 합 구하기

정답 12쪽

[1 ~ 8] □ 안에 알맞은 수를 써넣으세요.

1

$$\begin{array}{rrrr} & 4\ \text{m} & 31\ \text{cm} \\ + & 3\ \text{m} & 48\ \text{cm} \\ \hline & \square\ \text{m} & \square\ \text{cm} \end{array}$$

2

$$\begin{array}{rrrr} & 2\ \text{m} & 42\ \text{cm} \\ + & 4\ \text{m} & 15\ \text{cm} \\ \hline & \square\ \text{m} & \square\ \text{cm} \end{array}$$

3 2 m 34 cm+3 m 55 cm

=(2 m+□ m)

+(34 cm+□ cm)

=□ m+□ cm

=□ m □ cm

4 3 m 12 cm+4 m 64 cm

=(3 m+□ m)

+(12 cm+□ cm)

=□ m+□ cm

=□ m □ cm

5 2 m 52 cm+6 m 37 cm

=□ m □ cm

6 4 m 21 cm+5 m 14 cm

=□ m □ cm

7 1 m 48 cm+3 m 10 cm

=□ m □ cm

8 2 m 33 cm+5 m 45 cm

=□ m □ cm

3 단원

2단계 계산이 쉽다

[1 ~ 8] □ 안에 알맞은 수를 써넣으세요.

1

$$\begin{array}{rrrr} & 8\text{ m} & 79\text{ cm} \\ - & 2\text{ m} & 42\text{ cm} \\ \hline & \square\text{ m} & \square\text{ cm} \end{array}$$

2

$$\begin{array}{rrrr} & 9\text{ m} & 84\text{ cm} \\ - & 5\text{ m} & 20\text{ cm} \\ \hline & \square\text{ m} & \square\text{ cm} \end{array}$$

3 8 m 68 cm−4 m 15 cm

=(8 m−□ m)

+(68 cm−□ cm)

=□ m+□ cm

=□ m □ cm

4 4 m 43 cm−1 m 23 cm

=(4 m−□ m)

+(□ cm−23 cm)

=□ m+□ cm

=□ m □ cm

5 5 m 48 cm−2 m 17 cm

=□ m □ cm

6 3 m 74 cm−1 m 43 cm

=□ m □ cm

7 6 m 75 cm−4 m 33 cm

=□ m □ cm

8 9 m 85 cm−6 m 42 cm

=□ m □ cm

길이 어림하기

정답 13쪽

[1 ~ 4] 몸의 일부를 이용하여 여러 가지 물건의 길이를 재려고 합니다. 물음에 답하세요.

1 교실의 긴 쪽의 길이를 재려고 합니다. 몸의 어느 부분으로 재는 것이 알맞을지 기호를 쓰세요.

( )

2 액자의 긴 쪽의 길이를 재려고 합니다. 몸의 어느 부분으로 재는 것이 알맞을지 기호를 쓰세요.

( )

3 가장 적은 횟수로 잴 수 있는 몸의 일부를 찾아 기호를 쓰세요.

( )

4 가장 많은 횟수로 잴 수 있는 몸의 일부를 찾아 기호를 쓰세요.

( )

01 □ 안에 알맞게 써넣으세요.

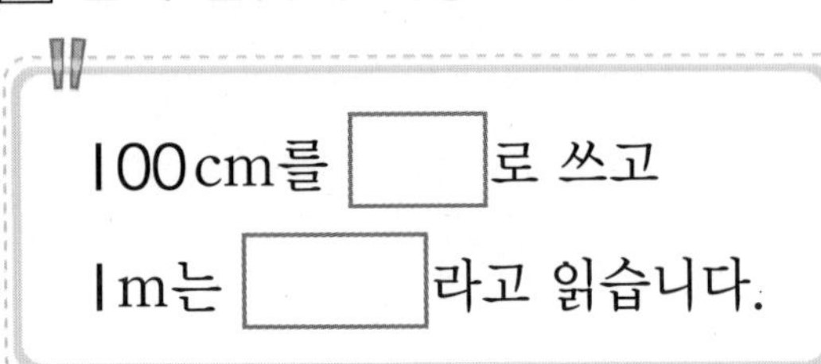

100 cm를 □로 쓰고

1 m는 □라고 읽습니다.

02 □ 안에 알맞은 수를 써넣으세요.

(1) 300 cm = □ m

(2) 5 m = □ cm

(3) 7 m = □ cm

03 □ 안에 알맞은 수를 써넣으세요.

(1) 385 cm = □ m □ cm

(2) 7 m 6 cm = □ cm

(3) 2 m 15 cm = □ cm

04 길이가 더 짧은 것을 찾아 ○표 하세요.

㉠ 304 cm ( )

㉡ 3 m 10 cm ( )

05 길이가 가장 긴 것을 찾아 기호를 쓰세요.

㉠ 2 m 5 cm	㉡ 250 cm
㉢ 97 cm	㉣ 2 m 10 cm

( )

06 길이가 가장 짧은 것부터 차례로 기호를 쓰세요.

㉠ 2 m 50 cm	㉡ 199 cm
㉢ 303 cm	㉣ 3 m 30 cm

( )

07 신발장의 높이는 1 m 25 cm입니다. 신발장의 높이는 몇 cm일까요?

( )cm

정답 13쪽

08 길이가 1 m가 넘는다고 생각되는 것을 찾아 기호를 쓰세요.

㉠ 연필의 길이 ㉡ 필통의 길이
㉢ 가위의 길이 ㉣ 삼촌의 키

( )

09 □ 안에 알맞은 수를 써넣으세요.

2 m 35 cm + 5 m 43 cm

= □ cm

10 길이의 합을 구하세요.

	4 m	41 cm
+	5 m	25 cm
	□ m	□ cm

11 그림을 보고 □ 안에 알맞은 수를 써넣으세요.

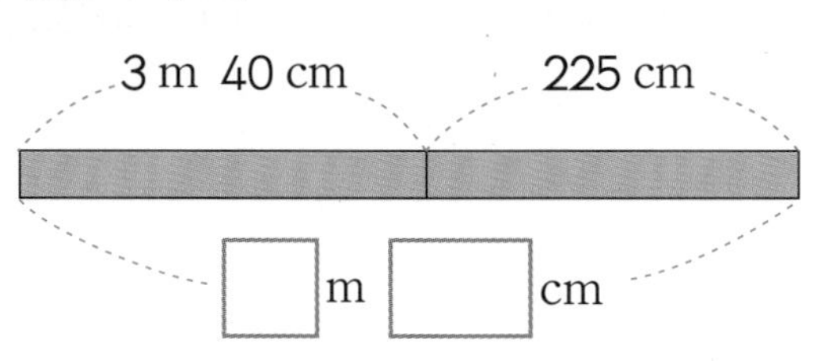

12 길이의 차를 구하세요.

(1)

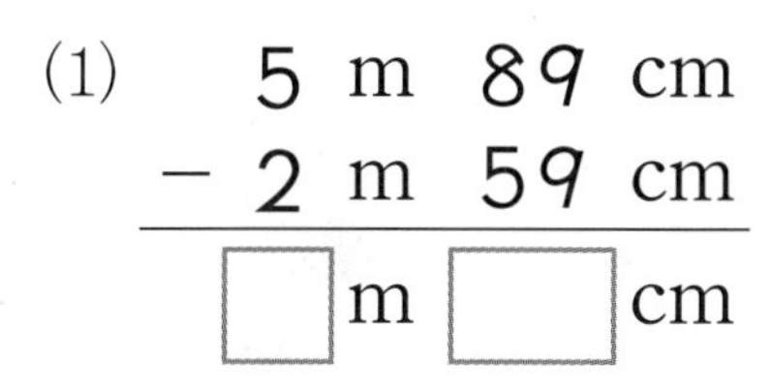

(2)

	8 m	59 cm
−	3 m	37 cm
	□ m	□ cm

13 □ 안에 알맞은 수를 써넣으세요.

7 m 89 cm − 278 cm

= □ cm

14 ○ 안에 > 또는 <를 알맞게 써넣으세요.

898 cm − 545 cm ○ 2 m 64 cm

15 사슴의 키가 1 m일 때 기린의 키는 약 몇 m일까요?

약 (   )m

16 보기에서 알맞은 길이를 골라 문장을 완성하세요.

보기

15 m   120 cm   1 m   450 cm

(1) 그네의 길이는 [   ]입니다.

(2) 2학년 지선이의 키는 [   ]입니다.

17 태연이의 한 뼘은 15 cm입니다. 액자의 긴 쪽의 길이는 약 몇 cm일까요?

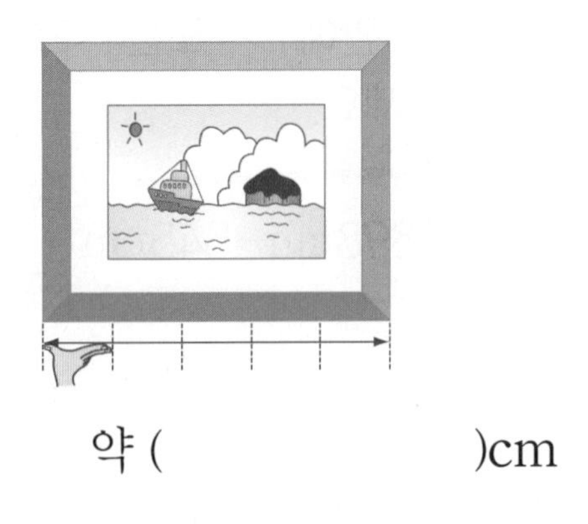

약 (   )cm

학교시험 **예상문제**

18 길이가 3 m 23 cm인 철사와 4 m 56 cm인 철사가 있습니다. 두 철사를 겹치는 부분 없이 이으면 몇 m 몇 cm일까요?

(   )m (   )cm

19 혜미네 학교 운동장의 둘레는 8 m 43 cm이고, 준서네 학교 운동장의 둘레는 805 cm입니다. 누구네 학교 운동장의 둘레가 더 길까요?

(   )

20 지수의 줄넘기 길이는 153 cm이고, 수진이의 줄넘기 길이는 1 m 67 cm입니다. 수진이의 줄넘기는 지수의 줄넘기보다 몇 cm 더 길까요?

(   )cm

4 시각과 시간

1 몇 시 몇 분을 알기 (1)
2 몇 시 몇 분을 알기 (2)
3 여러 가지 방법으로 시각 읽기, 1시간 알기
4 하루의 시간 알기
5 달력 알기

이야기로 알아보기

이번에 내 후계자가 되면 나의 최고 장기인 변신술을 전수해주겠다!
반드시 후계자가 되겠습니다.
화르르
이제야 동기부여가 되는 모양이군.
그럼 8시 20분까지 신령바위 앞으로 집합하도록~
슈웅
쳇 우리도 좀 태워주지.
그러게 말야.
8시 20분이면 짧은바늘이 8과 9사이를, 긴바늘이 4를 가리키는 시간이군.
8시 20분

아직 한 시간이나 남았잖아. 천천히 걸어가도 되겠네.
넌 천천히 와. 난 이번엔 꼭 산신령이 되고 말테니까~
다다다
아앗 질수 없다~~

신령님
제가 먼저 도착했어요~~
헉헉
분하다.
어..
신령님이
안 보이시네.
야 빨리 좀 갈수 없냐
으이구 속터져!!
빌빌
근두운이
더 느리구나...
자 이곳에서
일주일동안 너희들을
테스트하겠다.
일주일이면
며칠이지요?
7일을
말한단다.
일 월 화 수 목 금 토
1 2 3 4 5 6 7
8 9 10 11 12 13 14
15 16 17 18 19 20 21
22 23 24 25 26 27 28
29 30
근데
벌써 어두워졌어요~
잠은
어디서 자나요?
당연히 돌 위에서 자야지.
이것도 수련이다!!
신령님은
왜 거기서 자는데요?!!
투덜거리지
마라~

1 단계 개념이 쉽다

❶ 몇 시 몇 분을 알기 (1)

• 시계의 긴바늘이 가리키는 수가 1이면 5분, 2이면 10분, 3이면 15분……을 나타냅니다.

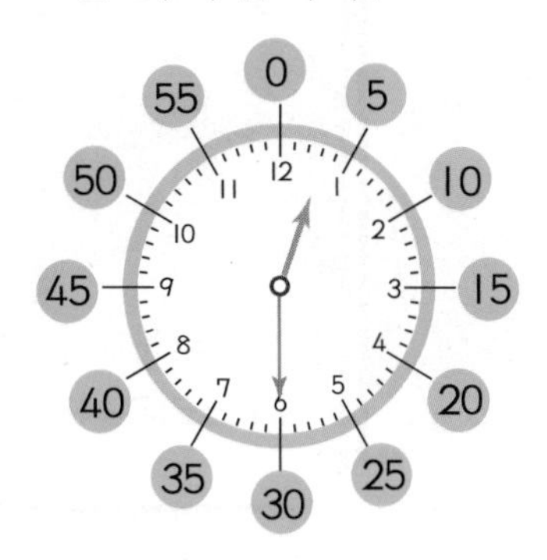

• 시각 읽기

① 짧은바늘이 ★과 그 다음 수 사이를 가리키면 ★시 몇 분입니다.

② 긴바늘이 가리키는 수에 따라 ★시 5분, ★시 10분……으로 읽습니다.

예

• 짧은바늘이 2와 3 사이를 가리키므로 2시 몇 분입니다.

• 긴바늘이 6을 가리키면 30분입니다.

➡ 시계가 나타내는 시각은 2시 30분입니다.

1 시계의 긴바늘이 가리키는 분을 ○ 안에 쓰고, □ 안에 알맞은 수를 써넣으세요.

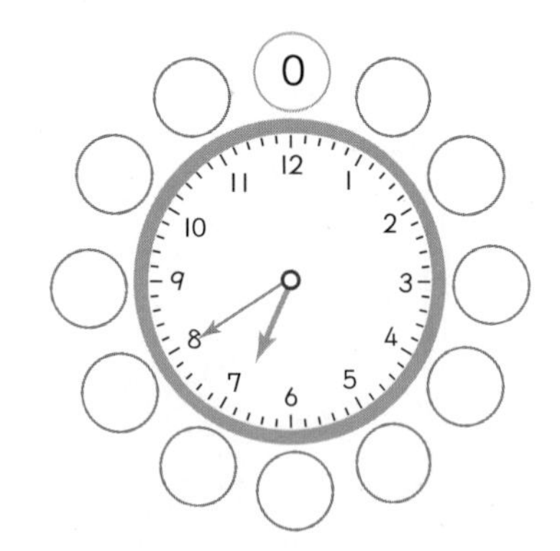

시계에서 긴바늘이 숫자 8을 가리키면 □분입니다.

2 시계를 보고 □ 안에 알맞은 수를 써넣으세요.

(1) 짧은바늘은 숫자 3과 □ 사이를 가리키므로 □시를 나타냅니다.

(2) 긴바늘은 숫자 5를 가리키므로 □분을 나타냅니다.

(3) 이 시계가 나타내는 시각은 □시 □분입니다.

문제가 쉽다

정답 14쪽

1 □ 안에 알맞은 수를 써넣으세요.

(1) 시계의 긴바늘이 숫자 □를 가리키면 20분을 나타냅니다.

(2) 시계의 긴바늘이 숫자 7을 가리키면 □분을 나타냅니다.

2 시계의 짧은바늘만 나타낸 것입니다. 시계의 시각으로 알맞은 것에 ○표 하세요.

㉠ 9시 몇 분 ( )

㉡ 10시 몇 분 ( )

3 시각을 바르게 읽은 사람의 이름을 써 보세요.

지은 : 1시 6분이야.

우현 : 1시 30분이야.

( )

4 기차가 출발할 때 시계를 보았더니 다음과 같았습니다. 기차는 몇 시 몇 분에 출발하였을까요? ....( )

① 6시 55분 ② 7시 11분

③ 7시 55분 ④ 11시 7분

⑤ 11시 35분

[5 ~ 6] 시계를 보고 시각을 읽어 보세요.

5

□시 □분

6

□시 □분

4 단원

1단계 개념이 쉽다

❷ 몇 시 몇 분을 알기 (2)

• 시계에서 긴바늘이 가리키는 작은 눈금 한 칸은 1분입니다.

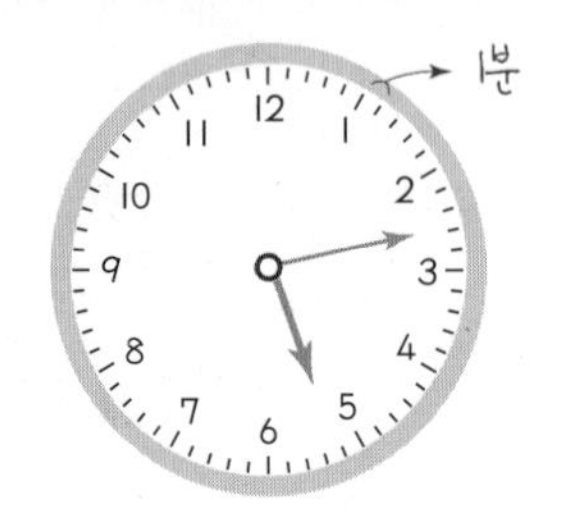

• 시각 읽기

① 짧은바늘이 ★과 그 다음 수 사이를 가리키면 ★시 몇 분입니다.

② 긴바늘이 가리키는 작은 눈금이 ▲칸이면 ★시 ▲분입니다.

예

• 짧은바늘이 8과 9 사이를 가리키므로 8시 몇 분입니다.

• 긴바늘이 4를 가리키면 20분입니다.

• 긴바늘이 4에서 작은 눈금으로 2칸 더 간 곳을 가리키므로 22분입니다.

➡ 시계가 나타내는 시각은 8시 22분입니다.

1 시계가 나타내는 시각을 알아보세요.

(1) 짧은바늘은 숫자 ☐과 ☐ 사이를 가리키므로 ☐시 몇 분입니다.

(2) 긴바늘은 숫자 ☐에서 작은 눈금 ☐칸을 더 간 곳을 가리키므로 ☐분을 나타냅니다.

(3) 시계가 나타내는 시각은 ☐시 ☐분입니다.

2 2시 37분을 모형 시계에 나타내려고 합니다. 물음에 답하세요.

(1) 짧은바늘은 숫자 ☐와 ☐ 사이를 가리키도록 그려야 합니다.

(2) 긴바늘은 숫자 7에서 작은 눈금 ☐칸 더 간 곳을 가리키도록 그려야 합니다.

(3) 모형 시계에 긴바늘과 짧은바늘을 그려 넣으세요.

문제가 쉽다

※ 정답 14쪽

1 시계에 대한 설명으로 알맞은 것에 ○표 하세요.

> 시계에서 긴바늘이 가리키는 작은 눈금 한 칸은 1(시간, 분)을 나타냅니다.

2 시계 ㉮와 ㉯의 시각을 알아보려고 합니다. □ 안에 알맞은 수를 써넣으세요.

㉮ ㉯

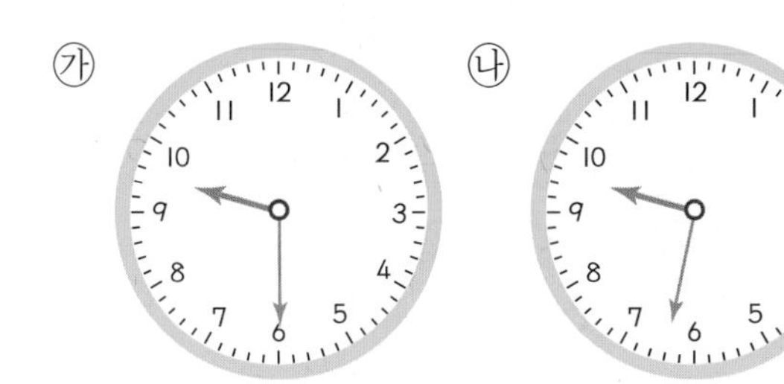

(1) 시계 ㉮가 가리키는 시각은 9시 □분입니다.

(2) 시계 ㉯의 긴바늘은 ㉮의 긴바늘보다 작은 눈금 □칸 더 간 곳을 가리킵니다.

(3) 시계 ㉯가 가리키는 시각은 9시 □분입니다.

3 시각을 읽어 보세요.

□시 □분

4 다음 시각에 알맞은 시계를 찾아 기호를 쓰세요.

7시 22분

㉠ ㉡

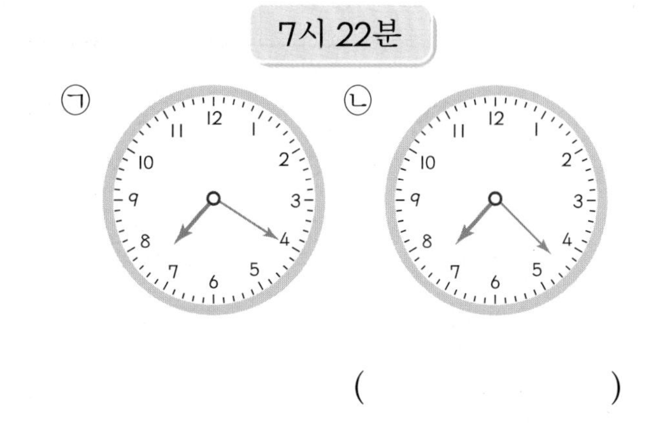

( )

[5 ~ 6] 시각을 보고 시계에 긴바늘을 그려 보세요.

5 9시 16분

6 3시 27분

1단계 개념이 쉽다

③ 여러 가지 방법으로 시각 읽기, 1시간 알기

★ 여러 가지 방법으로 시각 읽기

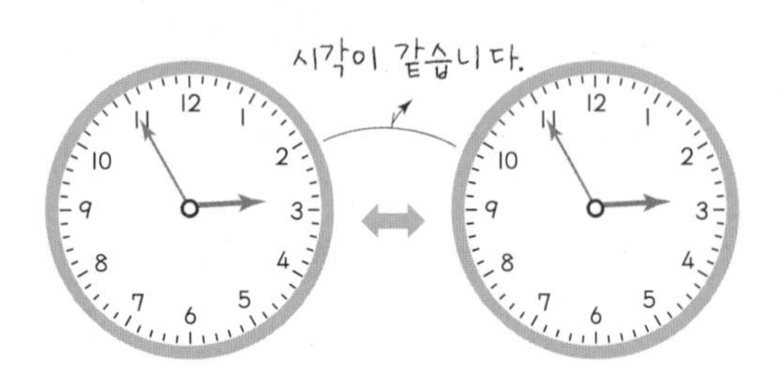

2시 55분 ↔ 3시 5분 전

- 2시 55분은 3시가 되기 5분 전입니다.
- 2시 55분을 3시 5분 전이라고도 합니다.

★ 1시간 알기

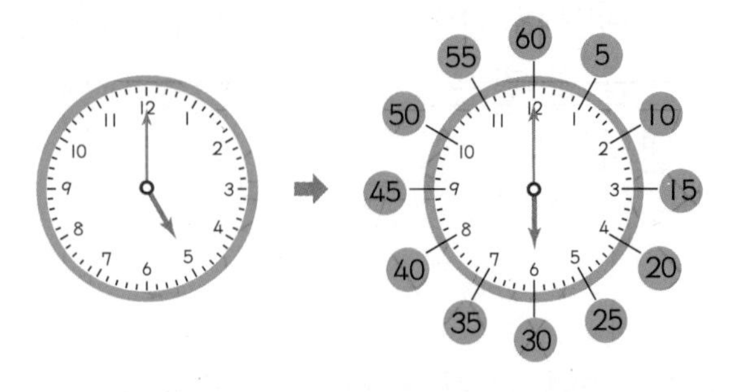

5시 10분 20분 30분 40분 50분 6시

60분=1시간

- 시계의 긴바늘이 한 바퀴 도는 데 60분의 시간이 걸립니다.
- 1시간은 60분입니다.

- 시각 : '몇 시' 또는 '몇 시 몇 분'을 말합니다.
- 시간 : 시각과 시각 사이
- 시계의 긴바늘이 한 바퀴 도는 데 걸리는 시간은 1시간입니다.
- 1시간은 60분입니다.

1 시계를 보고 □ 안에 알맞은 수를 써넣으세요.

(1) 시계가 나타내는 시각은 □시 □분입니다.

(2) 시계가 나타내는 시각은 □시 □분 전입니다.

2 시계를 보고 □ 안에 알맞은 수를 써넣으세요.

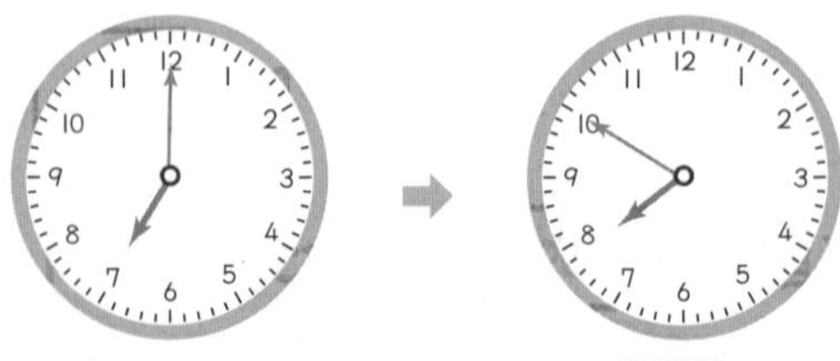

(1) 운동을 시작한 시각은 □시이고, 끝낸 시각은 □시 □분입니다.

(2) 운동을 하는 데 걸린 시간은 □분입니다.

문제가 쉽다

정답 15쪽

1 □ 안에 알맞은 수를 써넣으세요.

(1) 1시 50분은 2시 □분 전입니다.

(2) 12시 4분 전은 □시 □분 입니다.

2 다음 시각을 시계에 나타내어 보세요.

(1) 7시 15분 전

(2) 3시 5분 전

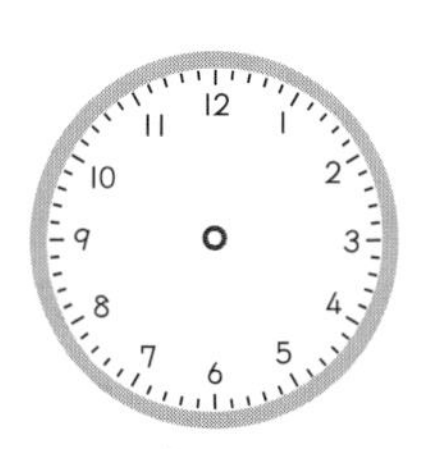

3 시계를 보고 시각을 두 가지로 읽어 보세요.

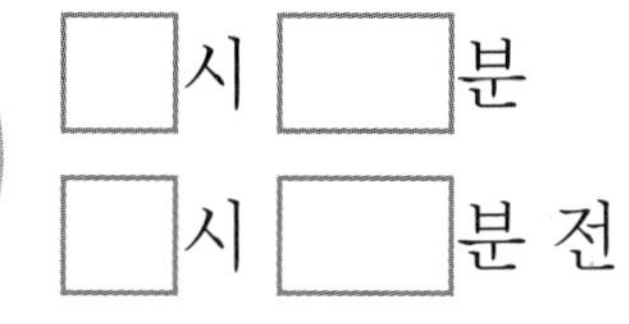

□시 □분

□시 □분 전

[4 ~ 5] 미영이가 학원에 가기 위해 집에서 출발한 시각과 집에 돌아온 시각을 나타낸 것입니다. 물음에 답하세요.

(출발한 시각) (돌아온 시각)

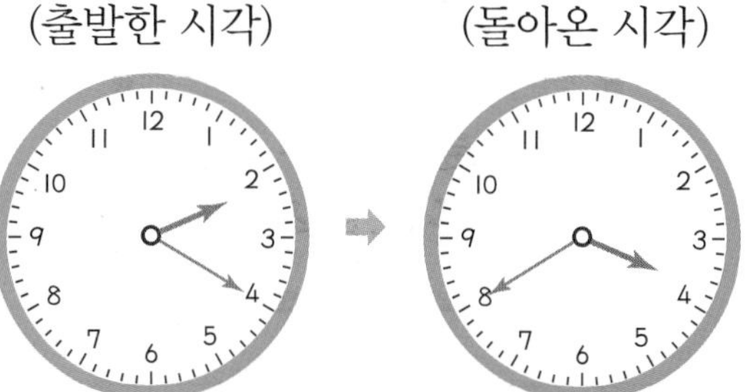

4 미영이가 학원에 다녀오는 데 걸린 시간을 시간 띠에 나타내어 보세요.

2시 10분 20분 30분 40분 50분 3시 10분 20분 30분 40분 50분 4시

5 미영이가 학원에 다녀오는 데 걸린 시간은 몇 분일까요?

( )분

6 □ 안에 알맞은 수를 써넣으세요.

(1) 80분=□시간 □분

(2) 2시간 45분=□분

4 단원

1 단계 개념이 쉽다

❹ 하루의 시간 알기

★ 하루의 시간

- 짧은바늘은 하루에 시계를 2바퀴 돕니다.
- 하루는 24시간입니다.

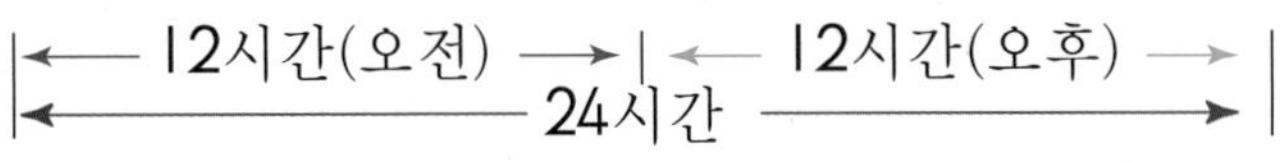

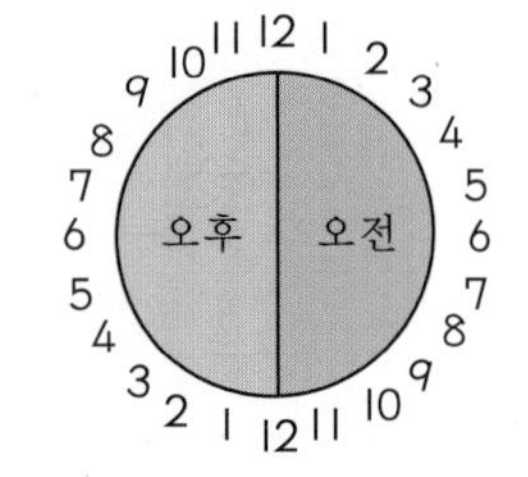

- 전날 밤 12시부터 낮 12시까지를 오전이라 하고, 낮 12시부터 밤 12시까지를 오후라고 합니다.

1 그림을 보고 □ 안에 알맞은 수나 말을 써넣으세요.

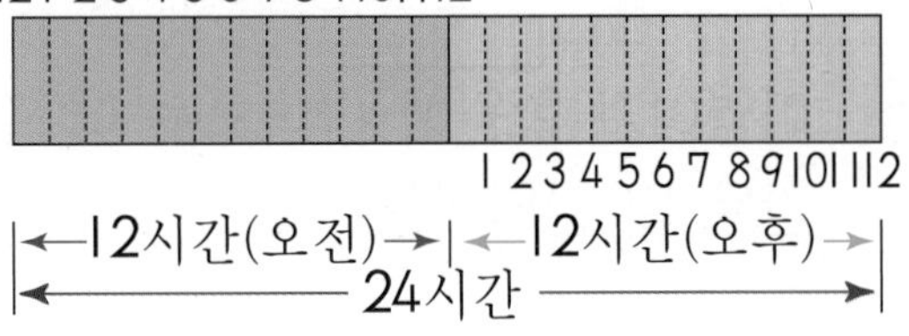

(1) □은 전날 밤 12시부터 낮 12시까지를 말합니다.

(2) □는 낮 12시부터 밤 12시까지를 말합니다.

(3) 오전 8시부터 오후 8시까지는 □시간입니다.

2 승현이가 동물원에 들어간 시각과 나온 시각입니다. 승현이가 동물원에 있었던 시간은 몇 시간인지 알아보세요.

들어간 시각

나온 시각

(1) 동물원에 들어간 시각은 오전 □시입니다.

(2) 동물원에서 나온 시각은 오후 □시입니다.

(3) 승현이가 동물원에 있었던 시간은 □시간입니다.

문제가 쉽다

정답 15쪽

[1 ~ 2] 한아는 아침 8시에 일어나서 저녁 10시에 잠을 잡니다. 알맞은 말에 ○표 하고, □ 안에 알맞은 수를 써넣으세요.

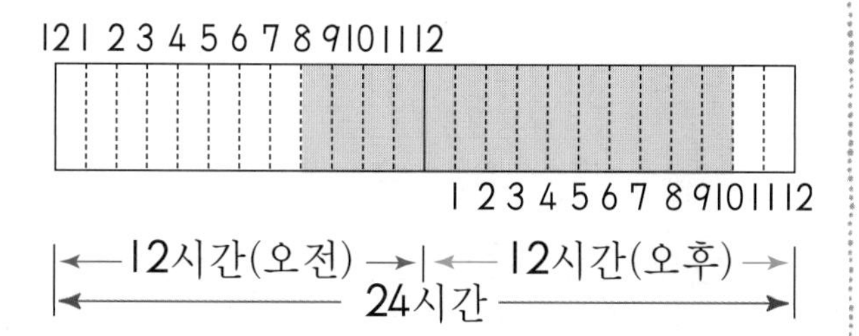

1 한아는 (오전 , 오후) 8시에 일어나서 (오전 , 오후) 10시에 잠을 잡니다.

2 위 그림에서 눈금 한 칸은 □시간이므로 한아가 하루에 깨어 있는 시간은 □시간입니다.

3 그림을 보고 □ 안에 알맞은 수를 써넣으세요.

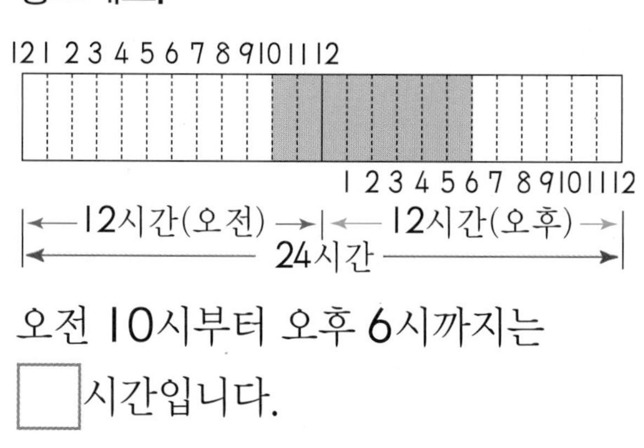

오전 10시부터 오후 6시까지는 □시간입니다.

4 □ 안에 알맞은 수를 써넣으세요.

(1) 1일 7시간=□시간+7시간
=□시간

(2) 28시간=24시간+4시간
=□일 □시간

(3) 2일 4시간=□시간

(4) 33시간=□일 □시간

5 정민이가 아침에 일어난 시각입니다. 오전이나 오후를 써서 시각을 읽어 보세요.

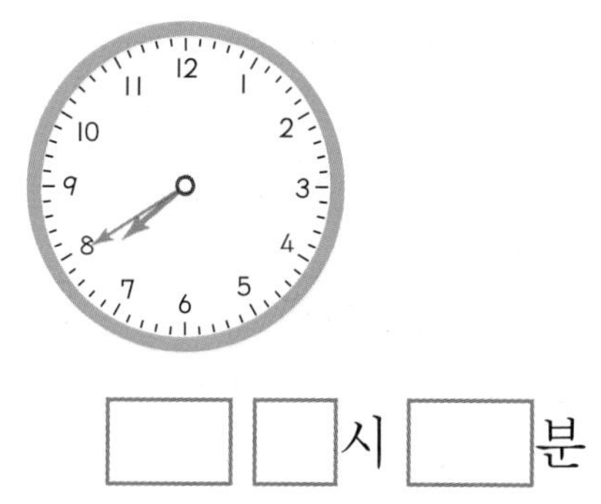

□ □시 □분

6 더 긴 시간을 찾아 ○표 하세요.

3일	(　　　)
68시간	(　　　)

4 단원

1 단계 개념이 쉽다

❺ 달력 알기

★ 달력 알아보기 (1)

일	월	화	수	목	금	토
	1	2	3	4	5	6
7	8	9	10	11	12	13

첫째 주, 둘째 주, +7일

- 1주일은 7일입니다.
- 7일마다 같은 요일이 반복됩니다.

★ 달력 알아보기 (2)

월	1	2	3	4	5	6
날수	31	28 (29)	31	30	31	30
월	7	8	9	10	11	12
날수	31	31	30	31	30	31

- 1년은 12개월입니다.

1 달력을 보고 □ 안에 알맞은 수나 말을 써넣으세요.

일	월	화	수	목	금	토
		1	2	3	4	5
6	7	8	9	10	11	12
13	14	15	16	17	18	19
20	21	22	23	24	25	26
27	28	29	30	31		

(1) 1주일은 □일입니다.

(2) 1일은 □요일이고,
18일은 □요일입니다.

(3) 13일에서 1주일 후는 □일입니다.

2 □ 안에 알맞은 수를 써넣으세요.

(1) 한 달이 30일인 달은 1년에 □달입니다.

(2) 한 달이 31일인 달은 1년에 □달입니다.

(3) 날수가 가장 적은 달은 □월입니다.

(4) 1년 6개월은 □개월입니다.

(5) 17개월은 □년 □개월입니다.

문제가 쉽다

정답 16쪽

[1 ~ 4] 달력을 보고 물음에 답하세요.

일	월	화	수	목	금	토
				1	2	3
4	5	6	7	8	9	10
11	12	13	14	15	16	17
18	19	20	21	22	23	24
25	26	27	28	29	30	

1 이달의 월요일 날짜를 모두 쓰세요.

( )

2 29일은 무슨 요일인가요?

( )

3 19일에서 1주일 후는 며칠일까요?

( )일

4 7일 수요일에서 16일 후는 무슨 요일일까요?

( )

5 두 달의 날수를 더하면 며칠일까요?

7월 8월

( )일

6 □ 안에 알맞은 수를 써넣으세요.

(1) 1년 2개월은 □개월입니다.

(2) 22개월은 □년 □개월입니다.

7 강아지가 태어난지 27개월이 되었습니다. 강아지가 태어난지 몇 년 몇 개월인가요?

□년 □개월

8 윤호가 수영을 2년 5개월 동안 배웠습니다. 윤호가 수영을 배운 기간은 모두 몇 개월인가요?

( )개월

4 단원

1 시계를 보고 □ 안에 알맞은 수를 써넣으세요.

(1) 짧은바늘이 숫자 7과 8 사이에 있으므로 □시 몇 분입니다.

(2) 긴바늘이 숫자 4를 가리키므로 □분입니다.

(3) 시계가 나타내는 시각은 □시 □분입니다.

[2 ~ 3] 시각을 읽고 써 보세요.

2

□시 □분

3

□시 □분

[4 ~ 7] 시각을 보고 시계에 긴바늘을 그려 넣으세요.

4

5

6

7

여러 가지 방법으로 시각 읽기, 1시간을 알아보기

정답 16쪽

[1 ~ 2] 시계를 보고 □ 안에 알맞은 수를 써넣으세요.

1 책 읽기를 끝낸 시각은 □시 □분입니다.

2 책 읽기를 끝낸 시각은 11시 □분 전입니다.

[3 ~ 4] 시계를 보고 □ 안에 알맞은 수를 써넣으세요.

3

4시 55분은 □시 □분 전입니다.

4

1시 49분은 □시 □분 전입니다.

[5 ~ 6] □ 안에 알맞은 수를 써넣으세요.

5 1시간 50분=□시간+50분
=□분+50분
=□분

6 130분=□분+10분
=□시간+10분
=□시간 □분

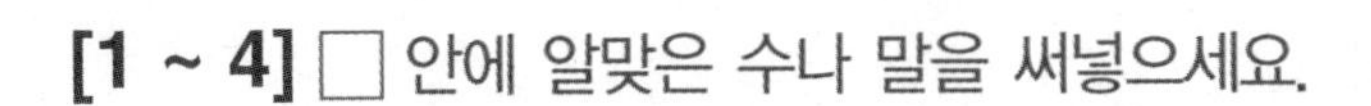
[1 ~ 4] □ 안에 알맞은 수나 말을 써넣으세요.

1 시계의 짧은바늘이 시계를 한 바퀴 돌면 □ 시간입니다.

2 하루는 □ 시간입니다.

3 전날 밤 12시부터 낮 12시까지를 □ 이라고 합니다.

4 낮 12시부터 밤 12시까지를 □ 라고 합니다.

[5 ~ 7] 아침에 일어난 시각과 밤에 잠자리에 든 시각을 나타낸 것입니다. □ 안에 알맞은 수나 말을 써넣으세요.

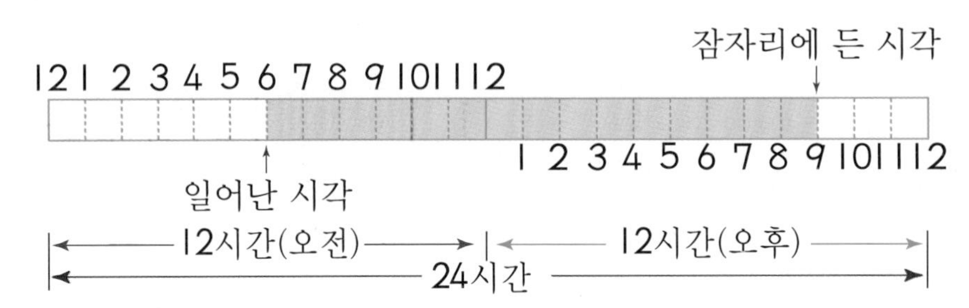

5 아침에 일어난 시각은 오전 □ 시입니다.

6 밤에 잠자리에 든 시각은 □ 9시입니다.

7 아침에 일어나 밤에 잠자리에 들기까지 걸린 시간은 □ 시간입니다.

달력 알기

정답 17쪽

[1 ~ 10] □ 안에 알맞은 수를 써넣으세요.

1 1주일=□일

2 12일=□주일 □일

3 3주일=□일

4 25일=□주일 □일

5 5주일=□일

6 30일=□주일 □일

7 1년 3개월=□개월

8 20개월=□년 □개월

9 2년 5개월=□개월

10 34개월=□년 □개월

4 단원

[1 ~ 2] 시계를 보고 물음에 답하세요.

01 시계가 가리키는 시각은 몇 시 몇 분일까요?

□시 □분

02 긴바늘이 작은 눈금 6칸 더 간 곳을 가리키면 몇 분일까요?

(　　　　　)분

03 시계의 긴바늘이 가리키는 숫자와 분을 나타낸 것입니다. 빈칸에 알맞은 수를 써넣으세요.

숫자	1	2	3	4	5
분	5	10			
숫자	6	7	8	9	10
분				45	50

04 시각에 맞게 시계에 긴바늘을 그려 넣으세요.

05 왼쪽 시계를 보고 몇 시 몇 분인지 쓰고, 오른쪽 모형 시계에 바늘을 알맞게 그려 넣으세요.

□시 □분

06 시계를 보고 □ 안에 알맞은 수를 써넣으세요.

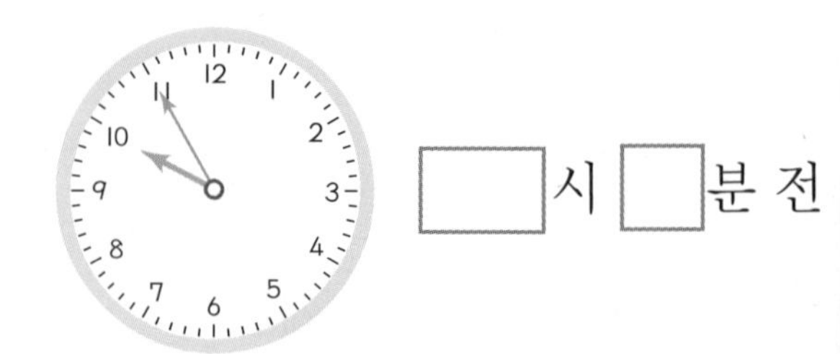

□시 □분 전

정답 17쪽

07 시각을 두 가지로 읽어 보세요.

□시 □분

□시 □분 전

08 □ 안에 알맞은 수를 써넣으세요.

(1) 95분=□시간 □분

(2) 1시간 40분=□분

09 영화가 3시에 시작하여 4시 30분에 끝났습니다. 영화는 몇 시간 몇 분 동안 했는지 구하고 시간 띠에 나타내어 보세요.

(시작한 시각) (끝난 시각)

3시 10분 20분 30분 40분 50분 4시 10분 20분 30분 40분 50분 5시

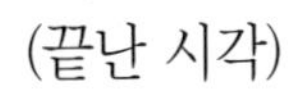

□시간 □분

10 뮤지컬이 오후 4시에 시작하여 127분 후에 끝났습니다. 뮤지컬이 끝난 시각은 오후 몇 시 몇 분일까요?

□시 □분

11 □ 안에 알맞은 수를 써넣으세요.

(1) 39시간=□일 □시간

(2) 2일 10시간=□시간

12 현석이 아버지께서는 아침 8시에 회사에 출근하셔서 저녁 6시에 퇴근하십니다. 아버지께서 회사에서 일하는 시간만큼 색칠해 보세요.

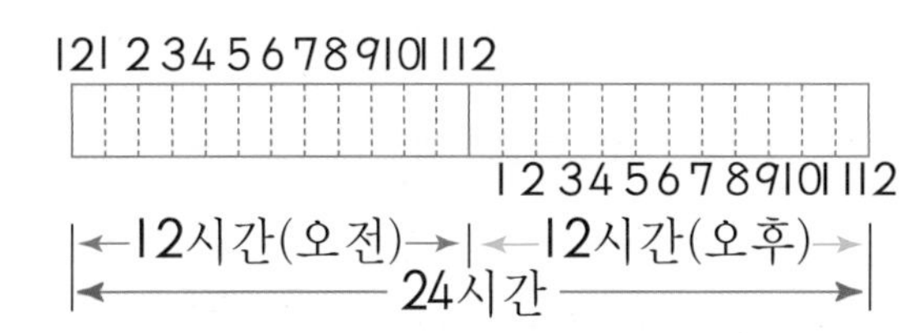

13 □ 안에 알맞은 수를 써넣으세요.

(1) 2주일 4일=□일

(2) 2년 4개월=□개월

4 단원

[14 ~ 15] 달력을 보고 물음에 답하세요.

일	월	화	수	목	금	토
1	2	3	4	5	6	7
8	9	10	11	12	13	14

14 8일은 무슨 요일일까요?

( )

15 두 번째 수요일은 며칠일까요?

( )일

16 어느 해 10월 1일은 수요일입니다. 매주 일요일에 등산을 한다면 이달에는 등산을 몇 번 할 수 있을까요?

( )번

17 예은이는 5월 1일부터 6월 30일까지 선인장을 길렀습니다. 예은이가 선인장을 기른 기간은 모두 며칠일까요?

( )일

학교시험 예상문제

18 유미는 3시 34분에 학교에서 돌아왔습니다. 학교에서 돌아온 시각에 맞게 시계에 시곗바늘을 그려 넣으세요.

19 민선이는 오후 10시부터 다음 날 오전 6시까지 잠을 잤습니다. 민선이가 잠을 잔 시간은 몇 시간일까요?

( )시간

20 서준이는 수영을 3년 2개월 동안 배웠습니다. 서준이가 수영을 배운 기간은 모두 몇 개월일까요?

( )개월

5 표와 그래프

이야기로 알아보기

좋아하는 간식

이름	간식	이름	간식	이름	간식
용감		아영		지나	
소영		민지		희열	
소라		찬수		민수	
민호		채은		나라	
성재		성연		태훈	

좋아하는 간식별 학생 수

간식	핫도그	아이스크림	초콜릿	사탕	합계
학생 수(명)	6	3	4	2	15

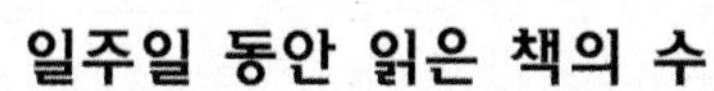

일주일 동안 읽은 책의 수

이름	소라	지수	민지	용감	합계
책 수(권)	6	5	4	2	17

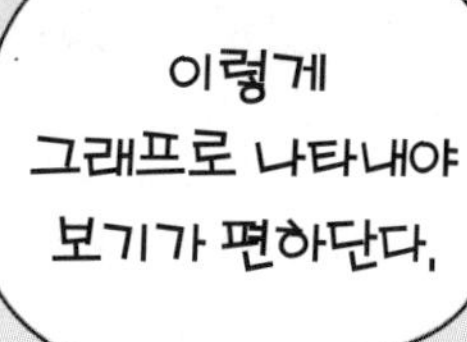

6	○			
5	○	○		
4	○	○	○	
3	○	○	○	
2	○	○	○	○
1	○	○	○	○
책 수(권) / 이름	소라	지수	민지	용감

1 단계 개념이 쉽다

❶ 표로 나타내기

★ 자료 조사하기

• 학생들이 좋아하는 음식

★ 표 만들기

좋아하는 음식별 학생 수

좋아하는 음식	스파게티	치킨	햄버거	피자	자장면	합계
학생 수(명)	5	3	1	2	4	15

★ 표를 만드는 순서

① 표에 알맞은 제목을 정합니다.
② 표의 모양, 칸의 수를 정합니다.
③ 자료의 종류별 수를 세어 씁니다.
④ 종류별 수의 합과 전체 자료의 수가 맞는지 확인하여 합계에 씁니다.

1 여러 가지 도형을 보고 □ 안에 알맞은 수를 써넣으세요.

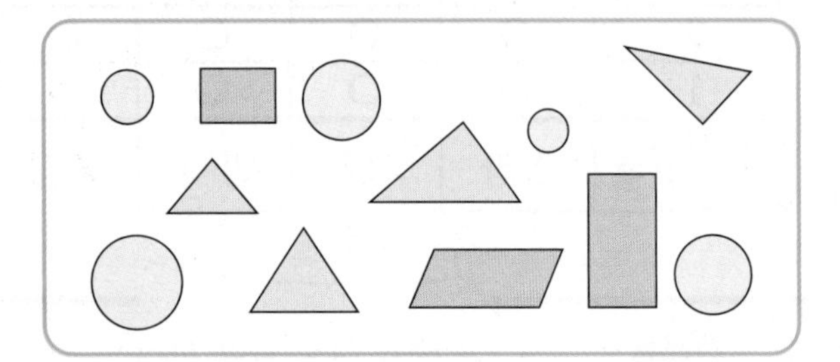

(1) 원은 □개 있습니다.

(2) 삼각형은 □개 있습니다.

(3) 사각형은 □개 있습니다.

(4) 위 그림에는 모두 □가지의 도형이 있습니다.

2 왼쪽 **1**번의 그림을 보고 물음에 답하세요.

(1) 그림을 보고 세면서 /로 표시해 보세요.

도형의 수

도형	원	삼각형	사각형
개수(개)			

(2) 표로 나타내어 보세요.

도형의 수

도형	원	삼각형	사각형	합계
개수(개)				

문제가 쉽다

정답 18쪽

[1 ~ 3] 민지네 반 학생들이 좋아하는 운동을 조사했습니다. 물음에 답하세요.

좋아하는 운동

민지	수아	철호	가영	민수
수철	강희	명수	지혜	호철
수림	경진	수길	미리	혜진

1 명수가 좋아하는 운동은 무엇일까요?

(　　　　　　)

2 조사한 자료를 보고 세면서 /로 표시해 보세요.

좋아하는 운동별 학생 수

운동	축구	배구	야구	농구
학생 수(명)				

3 조사한 자료를 보고 표로 나타내어 보세요.

좋아하는 운동별 학생 수

운동	축구	배구	야구	농구	합계
학생 수(명)					

[4 ~ 5] 정인이네 모둠 학생들의 혈액형을 조사했습니다. 물음에 답하세요.

혈액형

O 정인	AB 태연	A 동만	B 지애	AB 철오	A 지희
B 영애	O 산호	A 서현	O 예빈	O 재민	B 혁규

4 예빈이의 혈액형은 무엇일까요?

(　　　　　　)

5 조사한 자료를 보고 표로 나타내어 보세요.

혈액형별 학생 수

혈액형	A	B	AB	O	합계
학생 수(명)					

6 도연이네 모둠 학생들이 좋아하는 과일을 조사한 자료를 보고 표로 나타내어 보세요.

좋아하는 과일

이름	과일	이름	과일
용진	포도	주리	사과
나래	사과	진아	복숭아
세찬	복숭아	세호	바나나
기욱	포도	재형	복숭아
도연	복숭아	상준	포도

좋아하는 과일별 학생 수

과일	포도	사과	복숭아	바나나	합계
학생 수(명)					

5 단원

1 단계 개념이 쉽다

❷ 그래프로 나타내기

★ **표를 보고 그래프로 나타내기**

좋아하는 과일별 학생 수

과일	사과	감	배	딸기	합계
학생 수(명)	8	2	3	7	20

➡ 조사한 학생 수는 모두 20명입니다.

★ **그래프로 나타내는 방법**

- 가로와 세로에 무엇을 나타낼 것인지 정합니다.
- 그래프에 ○, ×, △, / 또는 다른 기호나 그림, 붙임딱지를 사용하여 표시합니다.
- ○는 한 칸에 하나씩 빈칸 없이 채워서 그립니다.

좋아하는 과일별 학생 수

8	○			
7	○			○
6	○			○
5	○			○
4	○			○
3	○		○	○
2	○	○	○	○
1	○	○	○	○
학생 수(명) / 과일	사과	감	배	딸기

- 표는 항목별 수를 알아보기가 편리하고, 그래프는 많고 적음을 한눈에 비교할 수 있어 편리합니다.

1 표를 보고 그래프로 나타내려고 합니다. □ 안에 알맞은 수나 말을 써넣으세요.

종류별 학용품의 개수

학용품	공책	연필	지우개	자	합계
개수(개)	5	4	6	3	18

(1) 그래프의 가로에 학용품의 종류를 나타내면 세로에는 □를 나타내야 합니다.

(2) 조사한 수 중에서 가장 큰 수는 6이므로 세로 칸의 수는 □과 같거나 □보다 커야 합니다.

2 1의 표를 보고 그래프로 나타내어 보세요.

종류별 학용품의 개수

6				
5	○			
4	○			
3	○			
2	○			
1	○			
개수(개) / 학용품	공책	연필	지우개	자

문제가 쉽다

정답 18쪽

[1 ~ 4] 진영이네 반 아이들이 좋아하는 악기를 조사하여 나타낸 표입니다. 물음에 답하세요.

좋아하는 악기별 학생 수

악기	피아노	바이올린	리코더	기타	합계
학생 수(명)	7	5	6	3	21

1 표를 보고 ○를 사용하여 그래프로 나타내어 보세요.

좋아하는 악기별 학생 수

7				
6				
5				
4				
3				
2				
1				
학생 수(명) / 악기	피아노	바이올린	리코더	기타

2 그래프의 가로와 세로에는 각각 무엇을 나타내었을까요?

가로 (　　　　　　)
세로 (　　　　　　)

3 가장 많은 학생들이 좋아하는 악기는 무엇일까요?

(　　　　　　)

4 가장 적은 학생들이 좋아하는 악기는 무엇일까요?

(　　　　　　)

[5 ~ 8] 요일별로 책을 빌려 간 학생 수를 조사한 표입니다. 물음에 답하세요.

요일별 책을 빌려 간 학생 수

요일	월	화	수	목	금	합계
학생 수(명)	6	4	3	5	2	

5 표를 보고 ○를 사용하여 그래프로 나타내어 보세요.

요일별 책을 빌려 간 학생 수

6					
5					
4					
3					
2					
1					
학생 수(명) / 요일	월	화	수	목	금

6 가장 많은 학생이 책을 빌려 간 날은 무슨 요일일까요?

(　　　　　　)

7 가장 적은 학생이 책을 빌려 간 날은 무슨 요일일까요?

(　　　　　　)

8 5일 동안 책을 빌려 간 학생은 모두 몇 명일까요?

(　　　　　　)명

5 단원

1 단계 개념이 쉽다

③ 표와 그래프의 내용 알고 나타내기

★ **표와 그래프의 편리한 점**

- 표의 편리한 점 : 조사한 전체 수를 쉽게 알 수 있습니다.
- 그래프의 편리한 점 : 조사한 내용을 한눈에 알 수 있습니다.

★ **조사한 것을 표로 나타내기**

좋아하는 색깔별 학생 수

색깔	흰색	파랑	노랑	빨강	초록	합계
학생 수(명)	3	7	5	6	2	23

흰색을 좋아하는 학생 수 / 조사한 학생 수

➡ 좋아하는 색깔별 학생 수와 조사한 전체 학생 수를 알 수 있습니다.

★ **조사한 것을 그래프로 나타내기**

좋아하는 색깔별 학생 수

7		○			
6		○		○	
5		○	○	○	
4		○	○	○	
3	○	○	○	○	
2	○	○	○	○	○
1	○	○	○	○	○
학생 수(명) / 색깔	흰색	파랑	노랑	빨강	초록

가장 많은 학생들이 좋아하는 색깔 / 가장 적은 학생들이 좋아하는 색깔

➡ 색깔별 좋아하는 학생 수의 많고 적음을 한눈에 알아볼 수 있습니다.

1 학생들이 좋아하는 계절을 조사한 표입니다. □ 안에 알맞은 수를 써넣으세요.

좋아하는 계절별 학생 수

계절	봄	여름	가을	겨울	합계
학생 수(명)	4	2	5	3	14

(1) 여름을 좋아하는 학생은 □명입니다.

(2) 겨울을 좋아하는 학생은 □명입니다.

(3) 조사한 학생은 모두 □명입니다.

2 1번 표를 보고 그래프로 나타내어 보세요.

좋아하는 계절별 학생 수

5				
4				
3				
2				
1				
학생 수(명) / 계절	봄	여름	가을	겨울

3 2번 그래프에서 가장 많은 학생들이 좋아하는 계절은 무엇일까요?

( )

문제가 쉽다

정답 19쪽

[1 ~ 3] 수민, 현일, 태수는 과녁맞히기놀이를 하여 과녁에 맞히면 ○표, 맞히지 못하면 ×표를 하였습니다. 물음에 답하세요.

과녁맞히기 기록표

이름 \ 횟수	1회	2회	3회	4회	5회
수민	○	×	○	×	○
현일	×	○	○	○	○
태수	○	×	○	×	×

1 기록표를 보고 표로 나타내어 보세요.

과녁맞히기 성적

이름	수민	현일	태수
맞힌 횟수(번)			

2 표를 보고 △를 사용하여 그래프로 나타내어 보세요.

과녁맞히기 성적

4			
3			
2			
1			
맞힌 횟수(번) / 이름	수민	현일	태수

3 가장 많이 맞힌 학생은 누구일까요?

( )

[4 ~ 7] 채윤이네 반 학생들이 좋아하는 동물을 조사한 것입니다. 물음에 답하세요.

좋아하는 동물별 학생 수

동물	사자	곰	원숭이	토끼	합계
학생 수(명)	6	3	2		15

4 토끼를 좋아하는 학생은 몇 명일까요?

( )명

5 표를 보고 △를 사용하여 그래프로 나타내어 보세요.

좋아하는 동물별 학생 수

6				
5				
4				
3				
2				
1				
학생 수(명) / 동물	사자	곰	원숭이	토끼

6 가장 많은 학생들이 좋아하는 동물은 무엇일까요?

( )

7 가장 많은 학생들이 좋아하는 동물을 한눈에 알아보기에 편리한 것은 표와 그래프 중 어느 것일까요?

( )

5 단원

[1 ~ 5] 현수네 반 학생들이 좋아하는 운동을 조사한 것입니다. 물음에 답하세요.

좋아하는 운동

이름	운동	이름	운동	이름	운동	이름	운동
현수	농구	선미	야구	준상	축구	준용	축구
동민	축구	아름	축구	민영	축구	상원	농구
혜미	수영	지은	농구	민재	수영	지원	수영
주희	수영	미연	수영	수호	축구	소정	농구

1 농구를 좋아하는 학생은 몇 명일까요?

( )명

2 축구를 좋아하는 학생은 몇 명일까요?

( )명

3 수영을 좋아하는 학생은 몇 명일까요?

( )명

4 야구를 좋아하는 학생은 몇 명일까요?

( )명

5 조사한 자료를 보고 표로 나타내어 보세요.

좋아하는 운동별 학생 수

운동	농구	축구	수영	야구	합계
학생 수(명)					

그래프로 나타내기

정답 20쪽

[1 ~ 4] 정환이네 반 학생들이 좋아하는 계절을 조사한 표입니다. 물음에 답하세요.

좋아하는 계절별 학생 수

계절	봄	여름	가을	겨울	합계
학생 수(명)	4	8	2	6	20

1 봄을 좋아하는 학생은 몇 명일까요?

( )명

2 겨울을 좋아하는 학생은 몇 명일까요?

( )명

3 ○를 사용하여 그래프로 나타내어 보세요.

좋아하는 계절별 학생 수

8				
7				
6				
5				
4				
3				
2				
1				
학생 수(명) / 계절	봄	여름	가을	겨울

4 가장 많은 학생들이 좋아하는 계절은 무엇일까요?

( )

5 단원

[1 ~ 4] 규원이네 반 학생들이 좋아하는 꽃을 조사하였습니다. 물음에 답하세요.

좋아하는 꽃

이름	꽃	이름	꽃	이름	꽃
규원	백합	종혁	장미	동현	튤립
혜정	장미	준규	국화	경규	장미
수경	백합	나라	장미	주혜	장미
보경	튤립	일화	백합	주성	백합

1 조사한 자료를 보고 표로 나타내어 보세요.

좋아하는 꽃별 학생 수

꽃	백합	장미	튤립	국화	합계
학생 수(명)					

2 ○를 사용하여 그래프로 나타내어 보세요.

좋아하는 꽃별 학생 수

5				
4				
3				
2				
1				
학생 수(명) / 꽃	백합	장미	튤립	국화

3 좋아하는 학생 수가 많은 꽃부터 차례로 쓰세요.

( )

4 가장 많은 학생이 좋아하는 꽃과 가장 적은 학생이 좋아하는 꽃의 학생 수의 차는 몇 명일까요?

( )명

표와 그래프 알고 나타내기

정답 20쪽

[1 ~ 4] 준수네 학교에 있는 공을 조사하여 나타낸 표입니다. 물음에 답하세요.

종류별 공의 개수

종류	축구공	농구공	야구공	배구공	합계
개수(개)	5	6	8	4	

1 표를 보고 그래프로 나타내어 보세요.

종류별 공의 개수

8				
7				
6				
5				
4				
3				
2				
1				
개수(개) / 종류	축구공	농구공	야구공	배구공

2 준수네 학교에 있는 공의 개수의 합은 몇 개일까요?

( )개

3 준수네 학교에 가장 많이 있는 공은 어느 것일까요?

( )

4 야구공은 농구공보다 몇 개 더 많이 있을까요?

( )개

5 단원

[1 ~ 4] 혜정이네 반 학생들이 좋아하는 음료수를 조사하여 나타낸 것입니다. 물음에 답하세요.

좋아하는 음료수

이름	음료수	이름	음료수	이름	음료수
혜정	콜라	상영	콜라	현민	사이다
수성	사이다	은주	주스	희선	주스
현채	사이다	인수	콜라	상일	콜라
지혜	사이다	일경	우유	유미	콜라
정아	주스	현진	사이다	정민	사이다

01 현진이가 좋아하는 음료수는 무엇일까요?

( )

02 자료를 보고 세면서 /로 표시해 보세요.

좋아하는 음료수별 학생 수

음료수	콜라	사이다	주스	우유
학생 수(명)				

03 자료를 보고 표로 나타내어 보세요.

좋아하는 음료수별 학생 수

음료수	콜라	사이다	주스	우유	합계
학생 수(명)					

04 조사한 학생은 모두 몇 명일까요?

( )명

[5 ~ 8] 소풍을 가고 싶어 하는 장소를 조사한 표입니다. 물음에 답하세요.

가고 싶어 하는 장소별 학생 수

장소	동물원	대공원	식물원	왕릉	합계
학생 수(명)	5	8	4	2	

05 조사한 학생은 모두 몇 명일까요?

( )명

06 표를 보고 그래프로 나타내어 보세요.

가고 싶어 하는 장소별 학생 수

8				
7				
6				
5				
4				
3				
2				
1				
학생 수(명) / 장소	동물원	대공원	식물원	왕릉

07 대공원에 가고 싶어 하는 학생은 식물원에 가고 싶어 하는 학생보다 몇 명 더 많을까요?

( )명

08 조사한 학생 중 가장 많은 학생들이 원하는 장소로 소풍을 간다면 어느 장소를 선택해야 할까요?

( )

정답 20쪽

[9 ~ 12] 학생들이 좋아하는 꽃을 조사한 그래프입니다. 물음에 답하세요.

좋아하는 꽃별 학생 수

6					○
5		○			○
4	○	○			○
3	○	○	○		○
2	○	○	○	○	○
1	○	○	○	○	○
학생 수(명) / 꽃	장미	백합	진달래	해바라기	튤립

09 가장 많은 학생들이 좋아하는 꽃은 어떤 꽃일까요?

( )

10 그래프를 보고 표로 나타내어 보세요.

좋아하는 꽃별 학생 수

꽃	장미	백합	진달래	해바라기	튤립	합계
학생 수(명)						

11 그래프를 표로 나타내면 편리한 점을 써 보세요.

____

____

12 조사한 학생은 모두 몇 명일까요?

( )명

[13 ~ 14] 수정이네 반 학생들이 좋아하는 계절을 조사한 것입니다. 물음에 답하세요.

이름	계절	이름	계절	이름	계절
수정	봄	수진	가을	민수	여름
영민	여름	민지	여름	경진	겨울
가희	겨울	나영	가을	지웅	가을
노성	가을	현준	여름	세은	가을

13 조사한 자료를 보고 표로 나타내어 보세요.

좋아하는 계절별 학생 수

계절	봄	여름	가을	겨울	합계
학생 수(명)					

14 표를 보고 ○를 사용하여 그래프로 나타내어 보세요.

좋아하는 계절별 학생 수

5				
4				
3				
2				
1				
학생 수(명) / 계절	봄	여름	가을	겨울

[15 ~ 17] 민희네 반 학생들이 좋아하는 운동을 조사하였습니다. 물음에 답하세요.

좋아하는 운동

이름	운동	이름	운동	이름	운동
민희	달리기	승용	공놀이	미란	수영
은정	줄넘기	미애	공놀이	준봉	공놀이
혜선	수영	소연	공놀이	미리	달리기
현정	공놀이	재욱	수영	진선	수영

15 조사한 자료를 보고 표로 나타내어 보세요.

좋아하는 운동별 학생 수

운동	달리기	공놀이	줄넘기	수영	합계
학생 수(명)					

16 표를 보고 그래프로 나타내어 보세요.

좋아하는 운동별 학생 수

5				
4				
3				
2				
1				
학생 수(명) / 운동	달리기	공놀이	줄넘기	수영

17 학생들이 가장 많이 좋아하는 운동부터 차례로 쓰세요.

( )

학교시험 예상문제

[18 ~ 20] 휘재네 반 학생들이 좋아하는 곤충을 조사하여 나타낸 것입니다. 물음에 답하세요.

좋아하는 곤충

나비	잠자리	나비
잠자리	나비	잠자리
나비	사슴벌레	사슴벌레
사슴벌레	무당벌레	잠자리
무당벌레	나비	나비

18 조사한 자료를 보고 표로 나타내어 보세요.

좋아하는 곤충별 학생 수

곤충	나비	잠자리	사슴벌레	무당벌레	합계
학생 수(명)					

19 표를 보고 그래프로 나타내어 보세요.

좋아하는 곤충별 학생 수

6				
5				
4				
3				
2				
1				
학생 수(명) / 곤충	나비	잠자리	사슴벌레	무당벌레

20 학생들이 가장 좋아하는 곤충은 무엇일까요?

( )

6 규칙 찾기

① 덧셈표, 곱셈표에서 규칙 찾기

② 무늬에서 규칙 찾기

③ 어떻게 쌓았는지 규칙 찾기,
생활에서 규칙 찾기

이야기로 알아보기

소라야
바위에 무얼 그리느냐?
바위가 허전해 보여서 규칙적으로 무늬를 만들었어요~
오오 첫째줄은 동그라미, 네모, 별이 반복되고 둘째줄은 흰돌, 검은돌이 반복되는구나.

저런 게으름뱅이 같으니라구.

더 볼것도 없다, 소라 너를 나의 후계자로 삼으마!
어머 정말요?!

크으윽 열심히 노력해도 안되는것도 있구나.

자 이제 소라 너에게 변신술을 전수해주마.

감사합니다 신령님~
넌 빠져!!

이 쌓기나무를
규칙적으로 쌓아 보거라!

쌓기나무가 1개씩
늘어나도록 쌓았습니다.

쳇 그게 변신술하고
무슨 상관인가요?

변신술을 하기
위해서는 쌓기나무
의식을 꼭 치뤄야
하느니라..
아
네...
딱

어?
몸에서 빛이나오고
있어요~~
지잉
좋아..
이제 네가 변신하고
싶은 걸 말해라!!

배고파
핫도그 먹고 싶다.
핫도그?

펑
으앗!!

헐~
넌 이제 핫도그로만
변신할 수 있단다.
으아악
이게 다
너 때문이야!!
맛있어
보인다...

1 단계 개념이 쉽다

❶ 덧셈표, 곱셈표에서 규칙 찾기

★ 덧셈표에서 규칙 찾기

+	0	1	2	3	4
0	0	1	2	3	4
1	1	2	3	4	5
2	2	3	4	5	6
3	3	4	5	6	7
4	4	5	6	7	8

- 세로의 수와 가로의 수의 합을 가로줄과 세로줄이 만나는 칸 안에 써넣습니다.
- 파란색 선 안에 수들은 아래쪽으로 내려갈수록 1씩 커지는 규칙이 있습니다.
- 빨간색 선 안에 수들은 오른쪽으로 갈수록 1씩 커지는 규칙이 있습니다.

★ 곱셈표에서 규칙 찾기

×	1	2	3	4	5
1	1	2	3	4	5
2	2	4	6	8	10
3	3	6	9	12	15
4	4	8	12	16	20
5	5	10	15	20	25

- 세로의 수와 가로의 수의 곱을 가로줄과 세로줄이 만나는 칸 안에 써넣습니다.
- 파란색 선 안에 수들은 2씩 커지는 규칙이 있습니다.
- 빨간색 선 안에 수들은 4씩 커지는 규칙이 있습니다.

1 덧셈표를 보고 파란색 선 안에 수들은 어떤 규칙이 있는지 써 보세요.

+	0	1	2	3	4
0	0	1	2	3	4
1	1	2	3	4	5
2	2	3	4	5	6
3	3	4	5	6	7
4	4	5	6	7	8

2 곱셈표를 보고 빨간색 선 안에 수들은 어떤 규칙이 있는지 써 보세요.

×	1	2	3	4	5
1	1	2	3	4	5
2	2	4	6	8	10
3	3	6	9	12	15
4	4	8	12	16	20
5	5	10	15	20	25

문제가 쉽다

정답 21쪽

[1 ~ 3] 덧셈표를 보고 물음에 답하세요.

+	0	1	2	3	4	5	6	7	8	9
0	0	1	2	3	4	5	6	7	8	9
1	1	2	3	4	5		7	8	9	10
2	2	3	4	5	6	7	8	9	10	11
3	3	4	5	6	7	8	9	10	11	12
4	4	5		7	8	9	10	11	12	
5	5	6	7	8	9	10	11	12	13	14
6	6	7	8	9	10	11	12	13	14	15
7	7	8	9	10		12	13	14	15	16
8	8	9	10	11	12	13	14	15	16	17
9	9	10	11	12	13	14		16	17	18

1 빈칸에 알맞은 수를 써넣으세요.

2 파란색으로 칠해진 수에는 어떤 규칙이 있는지 알아보려고 합니다. □ 안에 알맞은 수를 써넣으세요.

> 파란색으로 칠해진 수들은 7, 8, 9, 10……으로 아래쪽으로 갈수록 □씩 커지는 규칙이 있습니다.

3 ↘ 방향으로 있는 수들에는 어떤 규칙이 있는지 알아보려고 합니다. □ 안에 알맞은 수를 써넣으세요.

> ↘ 방향으로 있는 수들은 0, 2, 4, 6……으로 □씩 커지는 규칙이 있습니다.

[4 ~ 6] 곱셈표를 보고 물음에 답하세요.

×	1	2	3	4	5	6	7	8	9
1	1	2	3	4	5	6	7	8	9
2	2	4	6	8		12	14	16	18
3	3	6	9	12	15	18	21	24	27
4	4	8	12	16	20	24	28		36
5	5	10	15	20	25	30	35	40	45
6	6	12	18	24	30		42	48	
7	7	14	21	28	35	42	49	56	63
8	8	16	24	32	40	48	56	64	72
9	9	18	27	36	45	54	63	72	81

4 빈칸에 알맞은 수를 써넣으세요.

5 파란색으로 칠해진 수에는 어떤 규칙이 있는지 알아보려고 합니다. □ 안에 알맞은 수를 써넣으세요.

> 파란색으로 칠해진 수들은 3, 6, 9, 12……로 □의 단 곱셈구구와 같습니다.

6 빨간색으로 칠해진 수에는 어떤 규칙이 있는지 알아보려고 합니다. □ 안에 알맞은 수를 써넣으세요.

> 빨간색으로 칠해진 수들은 7, 14, 21, 28……로 □의 단 곱셈구구와 같습니다.

6 단원

1 단계 개념이 쉽다

❷ 무늬에서 규칙 찾기

★ **무늬에서 규칙 찾기**

• 여러 가지 모양을 사용하여 규칙에 따라 무늬를 만들어 봅니다.

→ ■●▲를 차례로 그리면서 만든 무늬입니다.

→ 파란색, 노란색, 빨간색 원 모양이 반복됩니다.

★ **규칙을 찾아 무늬 만들기**

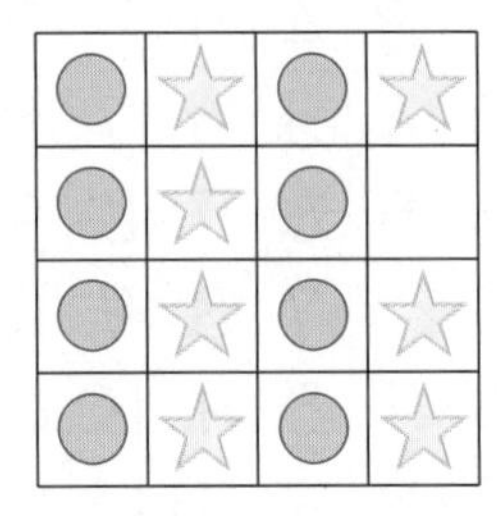

• ●와 ☆이 반복되는 규칙입니다.

• 빈칸에 들어갈 무늬는 ☆입니다.

1 규칙에 따라 무늬를 만들었습니다. □ 안에 알맞은 말을 써넣으세요.

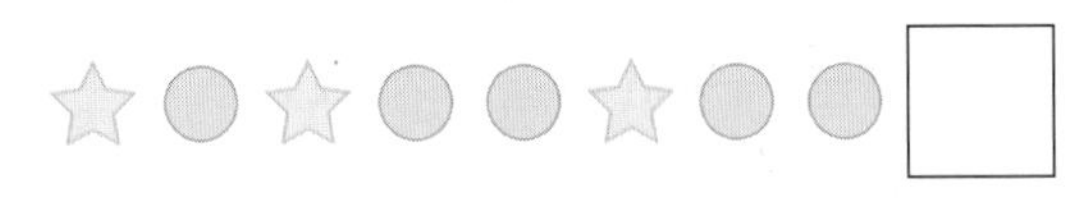

별 모양과 원 모양이 반복되면서 원 모양이 1개씩 늘어나는 규칙이므로 □ 안에는 □ 모양이 들어가야 합니다.

2 □ 안에 알맞은 모양을 그려 넣으세요.

3 포장지를 보고 규칙을 찾으려고 합니다. 물음에 답하세요.

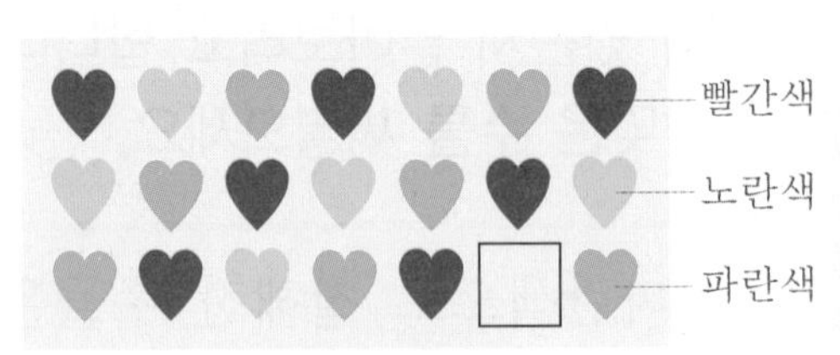

(1) 반복되는 무늬를 찾아 ◯로 묶어 보세요.

(2) 포장지 무늬의 규칙은 빨간색, □색, □색이 반복됩니다.

(3) □ 안에 알맞은 색은 □색입니다.

문제가 쉽다

정답 22쪽

1 꽃 모양의 붙임딱지를 사용하여 규칙에 따라 무늬를 만들었습니다. □ 안에는 어떤 색깔의 꽃 모양 붙임딱지를 붙여야 할까요?

(　　　　　　)

2 규칙에 따라 무늬를 만들었습니다. □ 안에 알맞은 도형을 그려 보세요.

3 규칙을 찾아 무늬를 만들었습니다. 물음에 답하세요.

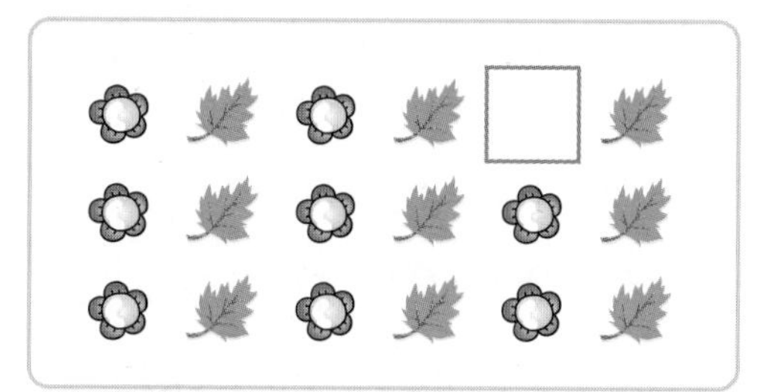

(1) 반복되는 무늬를 찾아 ◯로 묶어 보세요.

(2) 알맞은 말에 ◯표 하세요.

꽃, 나뭇잎이 반복되고 있으므로 빈칸에 들어갈 모양은 (꽃, 나뭇잎)입니다.

4 준석이는 규칙적으로 구슬을 꿰어 목걸이를 만들려고 합니다. 규칙에 맞게 색칠해 보세요.

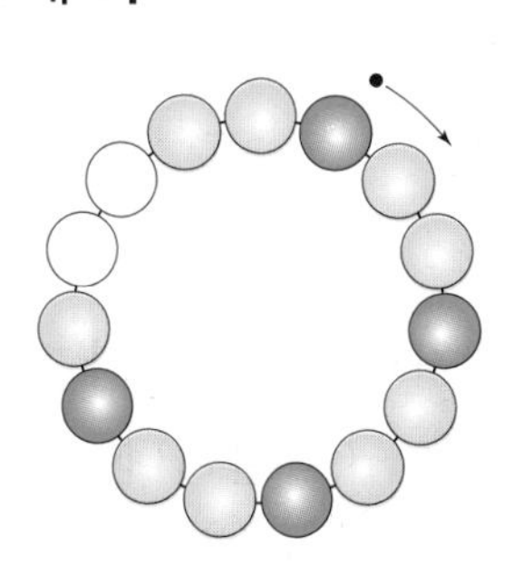

[5 ~ 6] 그림을 보고 물음에 답하세요.

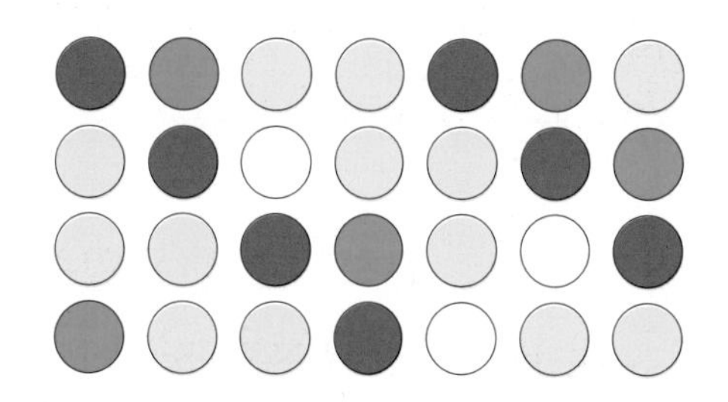

5 위의 모양을 ●는 1, ●는 2, ○는 3으로 바꾸어 나타내어 보세요.

1	2	3	3	1	2	3
3	1	2	3	3	1	2

6 규칙을 찾아 ◯ 안에 알맞게 색칠해 보세요.

6 단원

1단계 개념이 쉽다

❸ 어떻게 쌓았는지 규칙 찾기, 생활에서 규칙 찾기

★ 어떻게 쌓았는지 규칙 찾기

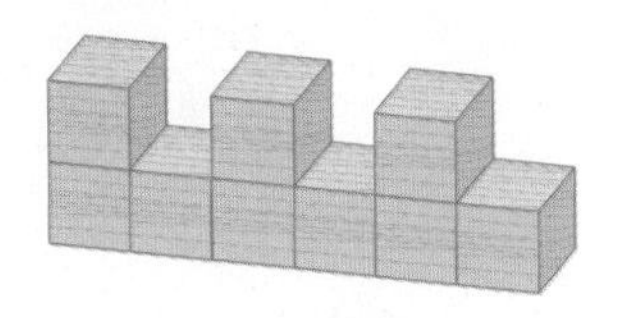

• 쌓기나무 2개, 1개가 반복되도록 쌓은 규칙입니다.

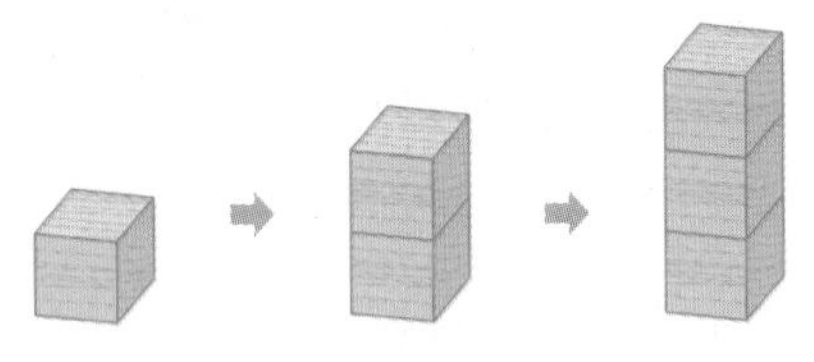

• 쌓기나무가 위쪽으로 1개씩 늘어나는 규칙입니다.

★ 생활에서 규칙 찾기

• 달력

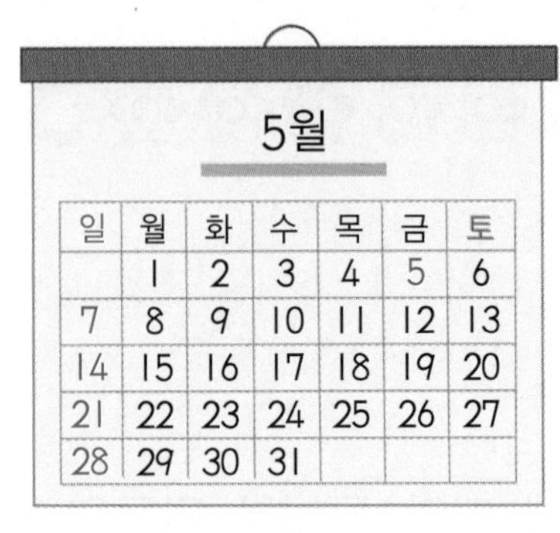

5월

일	월	화	수	목	금	토
	1	2	3	4	5	6
7	8	9	10	11	12	13
14	15	16	17	18	19	20
21	22	23	24	25	26	27
28	29	30	31			

➡ 오른쪽으로 갈수록 1씩 커집니다.

➡ 같은 요일은 아래로 내려갈수록 7씩 커집니다.

1 쌓기나무를 규칙적으로 쌓았습니다. 쌓기나무를 쌓은 규칙을 보고 □ 안에 알맞은 수를 써넣으세요.

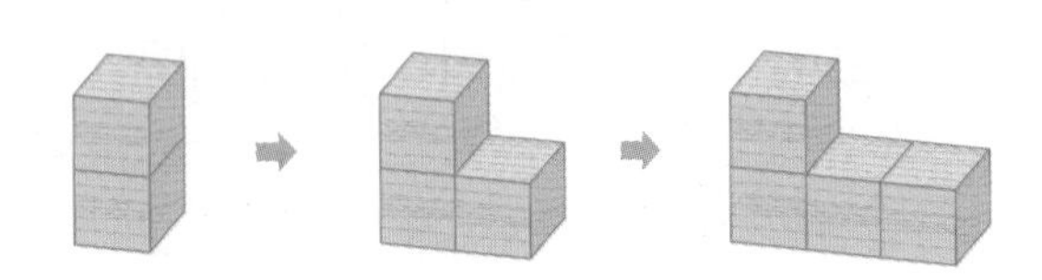

쌓기나무가 2개, □개, 4개로 □개씩 많아지는 규칙입니다.

2 달력을 보고 규칙을 찾아 □ 안에 알맞은 수를 써넣으세요.

일	월	화	수	목	금	토
			1	2	3	4
5	6	7	8	9	10	11
12	13	14	15	16	17	18
19	20	21	22	23	24	25
26	27	28	29	30		

(1) 달력에서 같은 요일은 □일마다 반복됩니다.

(2) 오른쪽으로 갈수록 날짜가 □일씩 커집니다.

문제가 쉽다

정답 22쪽

[1 ~ 2] 쌓기나무를 규칙적으로 쌓았습니다. 물음에 답하세요.

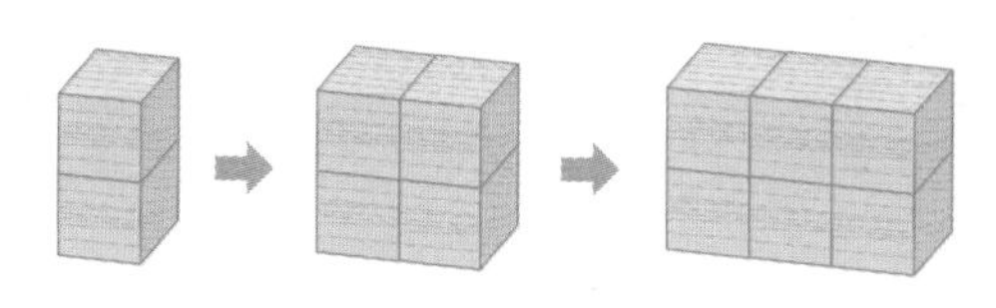

1 쌓기나무를 쌓은 규칙을 보고 □ 안에 알맞은 수를 써넣으세요.

쌓기나무가 □개씩 많아지는 규칙입니다.

2 다음에 이어질 쌓기나무를 찾아 기호를 쓰세요.

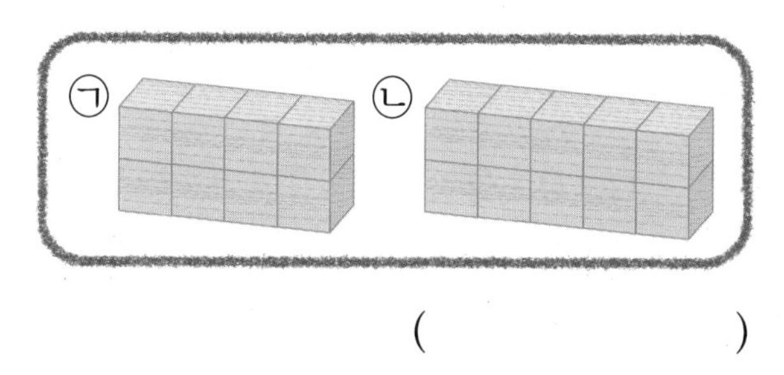

(　　　　　)

3 쌓기나무로 다음과 같은 모양을 쌓았습니다. 쌓은 규칙을 써 보세요.

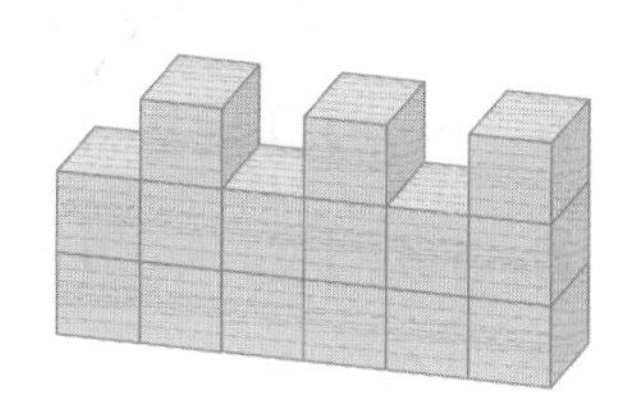

규칙 ______________________

____

4 다음은 찢어진 달력의 일부분입니다. 오늘이 11월 13일이라면 다음 주 목요일은 며칠일까요?

(　　　　　)일

[5 ~ 6] 키보드에는 다음과 같은 숫자 버튼이 있습니다. 물음에 답하세요.

5 키보드 숫자 버튼은 오른쪽 방향으로 갈수록 어떤 규칙이 있을까요?

____

____

6 키보드 숫자 버튼에서 흰색 선 안의 수들은 얼마씩 커지는 규칙이 있을까요?

____

____

6 단원

[1 ~ 3] 덧셈표를 보고 규칙을 찾아 □ 안에 알맞은 수를 써넣으세요.

+	1	2	3	4
1	2	3	4	5
2	3	4	5	
3	4	5	6	7
4	5		7	8

1 오른쪽으로 한 칸씩 갈 때 □씩 커지는 규칙입니다.

2 빨간색 선 안에 있는 수들은 2부터 □씩 커지는 규칙입니다.

3 빈칸에 공통으로 들어갈 수는 □입니다.

[4 ~ 7] 덧셈표를 보고 규칙을 찾아 빈칸에 알맞은 수를 써넣으세요.

4

+	3	4	5	6
3	6	7	8	9
4		8	9	10
5	8	9	10	
6	9		11	12

5

+	0	2	4	6
0	0	2	4	
2	2		6	8
4	4	6	8	10
6	6	8		12

6

+	4	5	6	7	8	9
4	8	9	10	11	12	13
5	9		11	12	13	14
6	10	11	12		14	15
7		12	13	14	15	
8	12	13	14	15	16	17
9	13	14		16	17	18

7

+	2	4	6	8	10	12
2	4	6	8	10	12	14
4	6		10	12	14	16
6	8	10	12		16	18
8	10	12	14	16	18	
10	12	14		18	20	22
12		16	18	20		24

곱셈표에서 규칙 찾기

정답 23쪽

[1 ~ 3] 곱셈표를 보고 규칙을 찾아 □ 안에 알맞은 수를 써넣으세요.

×	1	2	3	4
1	1	2	3	4
2	2	4	6	8
3	3	6	9	
4	4	8	12	16

1 노란색 선 안에 있는 수들은 2부터 □씩 커지는 규칙입니다.

2 빨간색 선 안에 있는 수들은 4부터 □씩 커지는 규칙입니다.

3 빈칸에 들어갈 수는 □입니다.

[4 ~ 7] 규칙을 찾아 빈칸에 알맞은 수를 써넣으세요.

4

×	3	4	5	6
3	9	12	15	18
4		16	20	24
5	15	20	25	
6	18		30	36

5

×	2	4	6	8
2	4	8	12	16
4	8		24	
6	12	24		48
8	16	32	48	

6

×	1	3	5	7	9
1	1	3	5	7	9
3	3		15	21	27
5	5	15	25		45
7		21	35	49	63
9	9	27		63	81

7

×	5	6	7	8	9
5	25	30	35	40	45
6	30		42	48	54
7	35	42	49		63
8		48	56	64	72
9	45	54		72	

6 단원

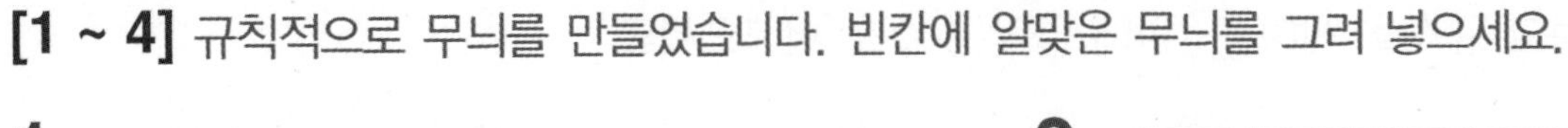

[1 ~ 4] 규칙적으로 무늬를 만들었습니다. 빈칸에 알맞은 무늬를 그려 넣으세요.

1

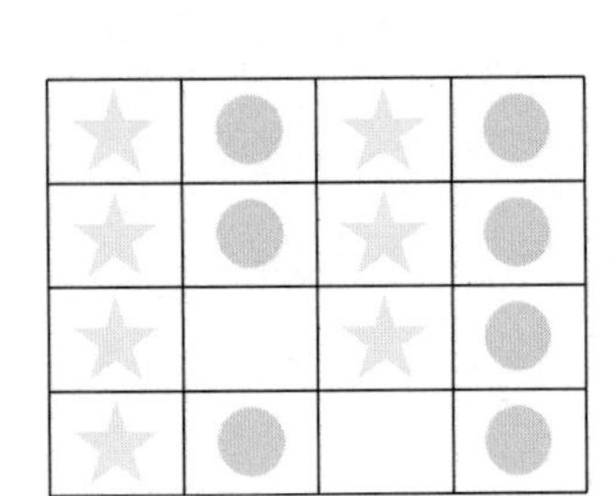

2

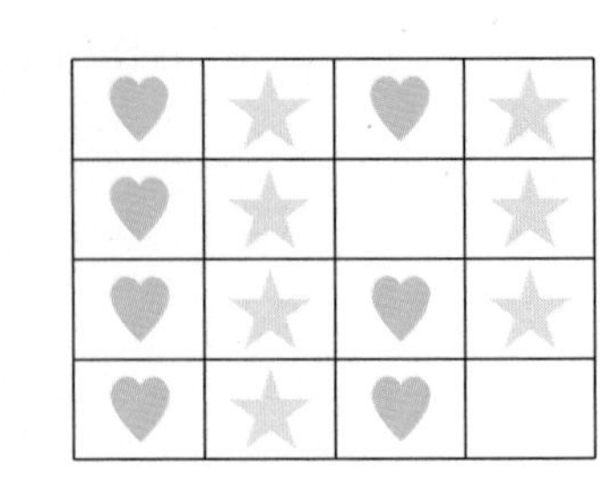

3

▲	◆	▶	▲	◆	▶
▲	◆	▶	▲	◆	▶
▲		▶	▲	◆	▶
▲	◆	▶	▲	◆	

4

◇	◎	▽	◇	◎	▽
◇	◎	▽		◎	▽
◇		▽	◇	◎	▽
◇	◎	▽	◇	◎	▽

[5 ~ 6] 포장지를 보고 어떤 규칙이 있는지 써 보세요.

5

____

____

6

____

____

생활에서 규칙 찾기

정답 24쪽

[1 ~ 4] 민지네 학교 사물함에 번호표가 떨어져서 일부만 남아 있습니다. 물음에 답하세요.

	첫째 칸	둘째 칸	셋째 칸	넷째 칸	다섯째 칸	여섯째 칸
첫째 줄	1번	2번	3번	4번	5번	6번
둘째 줄	7번					12번
셋째 줄		14번	15번	16번		18번
넷째 줄	19번	20번			23번	24번
다섯째 줄	25번		27번	28번		30번

1 민지의 사물함은 둘째 줄, 셋째 칸에 있습니다. 민지의 사물함은 몇 번일까요?

(　　　　　　)번

2 정우의 사물함은 다섯째 줄, 둘째 칸에 있습니다. 정우의 사물함은 몇 번일까요?

(　　　　　　)번

3 파란색 선 안에 있는 번호들은 어떤 규칙이 있을까요?

____

4 빨간색 선 안에 있는 번호들은 어떤 규칙이 있을까요?

____

6 단원

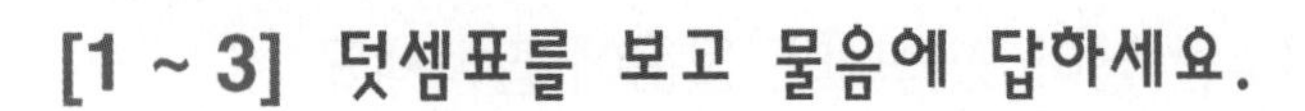

[1 ~ 3] 덧셈표를 보고 물음에 답하세요.

+	2	3	4	5	6
2	4	5	6	7	8
3		6	7	8	9
4			8	9	10
5				10	11
6					12

01 규칙을 찾아 빈칸에 알맞은 수를 써넣으세요.

02 파란색 선 안에 있는 수들의 규칙을 써 보세요.

03 빨간색 선 안에 있는 수들의 규칙을 써 보세요.

04 덧셈표에서 규칙을 찾아 빈칸에 알맞은 수를 써넣으세요.

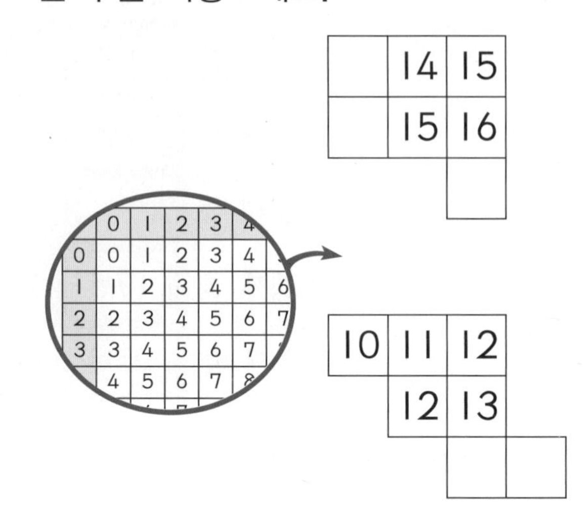

[5 ~ 6] 곱셈표를 보고 물음에 답하세요.

×	3	4	5	6	7
3	9	12	15	18	21
4	12	16	20	24	
5	15	20	25	30	35
6	18	24	30	36	42
7	21		35	42	49

05 초록색으로 칠한 부분에는 어떤 규칙이 있을까요?

(　　　　　　　　　　)

06 빈칸에 공통적으로 들어갈 수는 무엇일까요?

(　　　　　　)

정답 24쪽

07 규칙을 찾아 빈 곳에 알맞은 수를 써넣으세요.

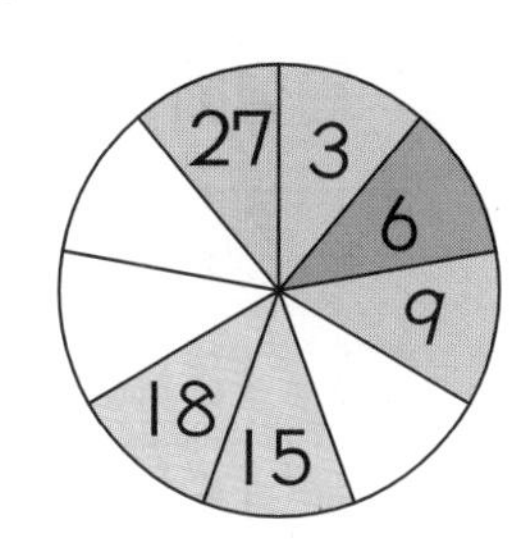

08 규칙적으로 물건을 놓으려고 합니다. 빈 곳에 놓을 물건은 무엇일까요?

( )

09 과일이 어떤 규칙으로 놓여져 있는지 써 보세요.

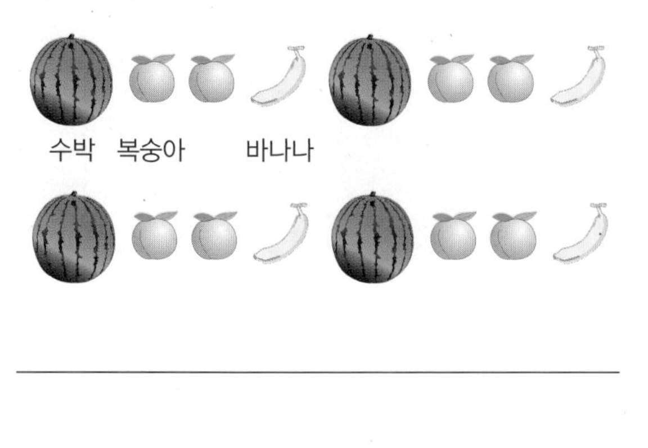

[10 ~ 11] 미선이네 집 화장실 타일 무늬입니다. 물음에 답하세요.

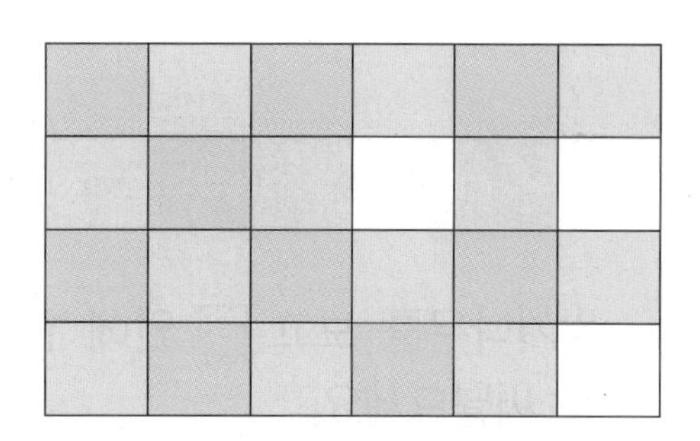

10 미선이네 화장실 타일 무늬는 규칙적인 무늬로 만든 것입니다. 타일 무늬를 완성시켜 보세요.

11 어떤 무늬가 반복되는 규칙일까요?

[12 ~ 13] 규칙적인 무늬가 있는 방석입니다. 물음에 답하세요.

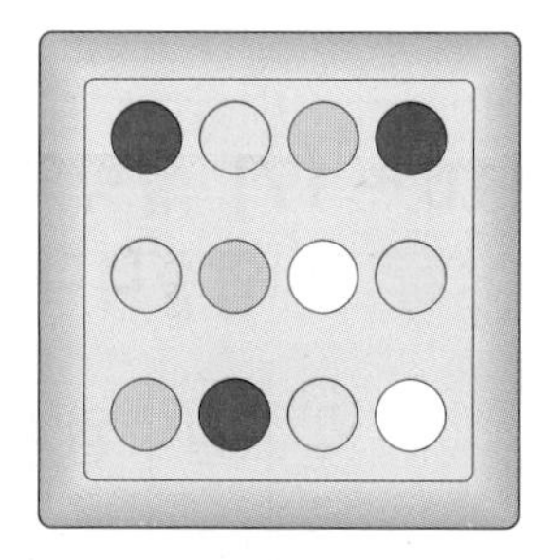

12 빈칸에 알맞은 색을 칠하세요.

13 ●는 1, ○는 2, ◎는 3으로 바꾸어 나타내어 보세요.

1	2	3	1
2		1	
3		2	3

6 단원

[14 ~ 15] 쌓기나무를 규칙적으로 쌓은 것입니다. 물음에 답하세요.

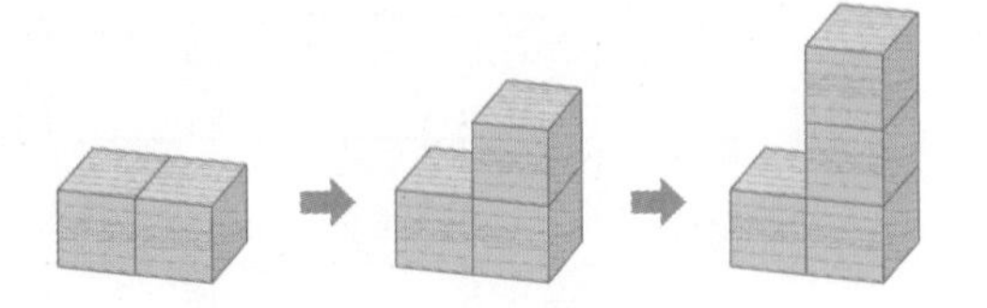

14 쌓기나무를 보고 □ 안에 알맞은 수를 써넣으세요.

> 쌓기나무가 □ 개씩 늘어나는 규칙입니다.

15 네 번째에 올 쌓기나무는 몇 개일까요?

( )개

[16 ~ 17] 달력의 일부분이 찢어져 보이지 않습니다. 물음에 답하세요.

일	월	화	수	목	금	토
				1	2	3
4	5	6	7			

16 네 번째 월요일은 며칠일까요?

( )일

17 14일은 무슨 요일일까요?

( )

학교시험 예상문제

18 곱셈표를 완성해 보세요.

×	3	4	5	6
6	18	24	30	36
5	15			
4	12		20	
3		12		

19 규칙에 따라 무늬를 만들 때 □ 안에 들어갈 모양으로 알맞은 것은 어느 것일까요? ························( )

① ☆ ② △ ③ ⏢ ④ □ ⑤ ○

20 전화기의 수 배열에는 어떤 규칙이 있는지 써 보세요.

____

____

쉬어 가기

고려시대를 대표하는 고려청자를 만드는 과정은 쉬운 일이 아닙니다. 좋은 재료를 골라서 모양을 갖추고 두 번 굽기까지의 과정은 60일~70일이나 걸린다고 합니다. 이만큼 정성을 쏟아서 만들었으니 오늘날까지도 후손들의 사랑을 받고 있는 것이겠지요?

① 반죽하기

흙 속에 공기를 남기지 않고 꾹꾹 밟아 단단히 반죽해.

② 그릇 빚기

물레를 돌리면서 원하는 모양으로 만들어.

③ 무늬 그리기

그릇이 마르면 그림을 그리고 조각칼로 홈을 파내야 해.

④ 칠하기

백토(흰 흙)나 자토(붉은 흙)를 물에 개어 무늬에 맞게 붓으로 칠해.

⑤ 그늘에서 말리기

굽기 전에 그늘에서 말려야 해.

⑥ 초벌구이

가마에 도자리를 넣고 800℃에서 구워. 초벌구이 후에는 4~5일 간 가마에 그대로 두고 식혀야 해.

⑦ 유약 바르기

유약에 들어 있는 철 성분에 따라 청자의 색깔이 달라져.

⑧ 두벌구이

1300℃의 온도에서 다시 구워. 이때 공기가 들어가지 않도록 하고, 열이 내려가는 5~6일 후에 도자기를 꺼내.

⑨ 도자기 깨뜨리기

정말 중요한 마지막 작업, 명품이 아니라고 생각되는 도자기는 깨뜨리기! 이게 바로 장인 정신이야.

시계가 없었을 땐 시각을 어떻게 알았을까?

시계가 없었던 옛날, 사람들은 어떻게 시각을 알았을까요? 아마도 낮에는 해가 움직이는 것을 보고 시간을 추측했을 것이고, 밤에는 달이나 별이 움직이는 것을 보고 시간을 추측했을 것입니다. 그렇다면 해와 달이 보이지 않는 흐린 날이나 비가 오는 날에는 어떻게 시각을 알았을까요? 조선시대 세종대왕은 과학자 장영실에게 밤이나 낮이나 비가 오나 눈이 오나 시간을 항상 알려줄 수 있는 물시계를 만들도록 하였고 이에 장영실은 '자격루'라는 물시계를 발명했습니다.

자격루가 발명되기 전에도 물시계는 많이 있었지만 밤낮으로 사람이 지키고 있다가 잣대의 눈금을 읽어 시간을 알려야 했으므로 매우 불편했습니다. 그래서 세종대왕은 장영실에게 "사람이 눈금을 일일이 읽지 않고도 때가 되면 저절로 시각을 알려주는 물시계를 만들라."고 지시하였고, 1434년 장영실은 자동으로 시간을 알려주는 물시계인 '자격루'를 완성하였습니다.

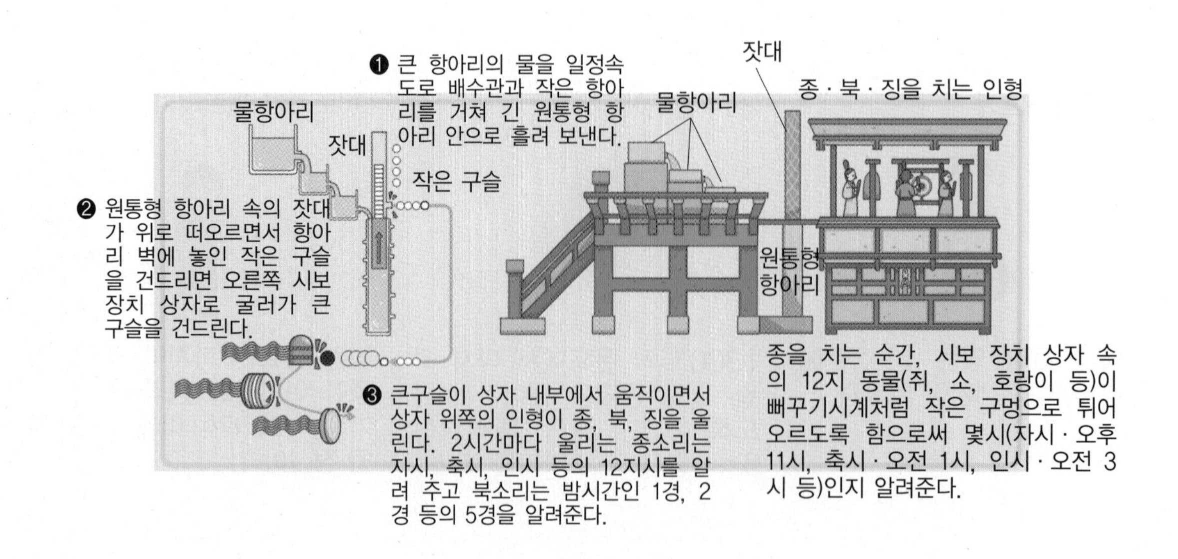

수학이 **좋아**지는 **강추수학**

개념완성

워크북

수학이 **좋아**지는

워크북

쉬운 개념 체크

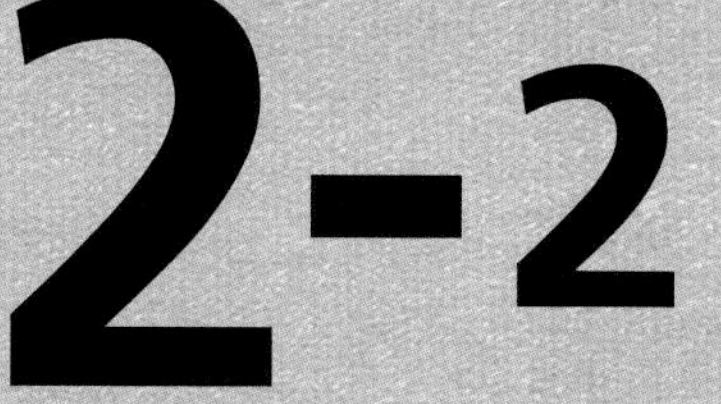

수학이 좋아지는
워크북

워크북 수학이 좋아지는

쉬운 개념 체크

2 학년

차례

2-2

쉬운 개념 체크

100이 10개인 수 알기

정답 25쪽

1 수 모형을 보고 □ 안에 알맞게 써넣으세요.

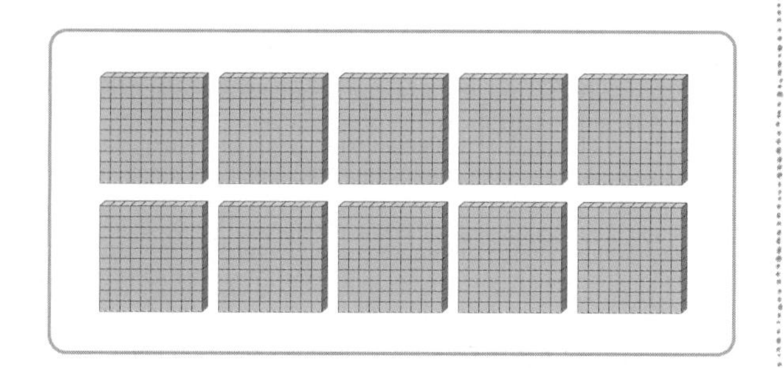

(1) 100이 6개이면 □이고, □이라고 읽습니다.

(2) 100이 10개이면 □이고, □이라고 읽습니다.

2 □ 안에 알맞은 수를 써넣으세요.

400 500 600 □ 800 900 □

3 100원짜리 동전이 있습니다. 1000원씩 묶어 보세요.

4 □ 안에 알맞은 수를 써넣으세요.

(1) 1000은 900보다 □만큼 더 큽니다.

(2) 1000은 300보다 □만큼 더 큽니다.

(3) 1000보다 400만큼 더 작은 수는 □입니다.

(4) 1000보다 □만큼 더 작은 수는 500입니다.

5 1000은 10이 몇 개인 수일까요?

( )개

6 소영이는 다음과 같이 동전을 가지고 있습니다. 1000원이 되려면 얼마가 더 있어야 할까요?

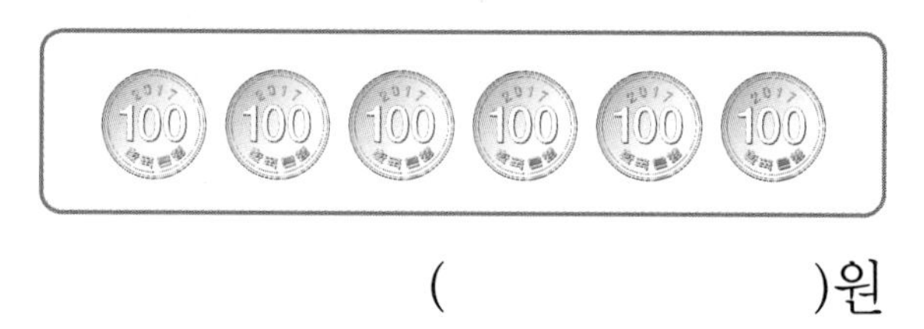

( )원

7 두 수를 모아 1000이 되도록 빈칸에 알맞은 수를 써넣으세요.

쉬운 개념 체크

1 수 모형이 나타내는 수는 얼마일까요?

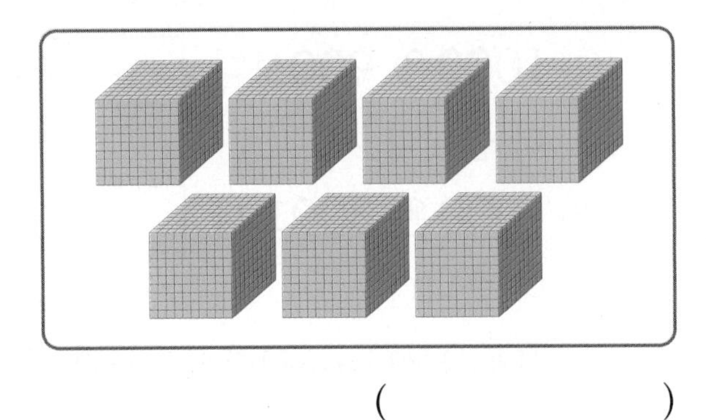

(　　　　　　)

2 구슬은 모두 몇 개일까요?

(　　　　　　)개

[3 ~ 4] 수를 쓰거나 읽어 보세요.

3 육천

(　　　　　　)

4 5000

(　　　　　　)

5 □ 안에 알맞은 수를 써넣으세요.

(1) 1000이 8개이면 □입니다.

(2) 1000이 □개이면 7000입니다.

(3) 1000이 □개이면 9000입니다.

6 100원짜리 동전을 그림과 같이 쌓았습니다. 물음에 답하세요.

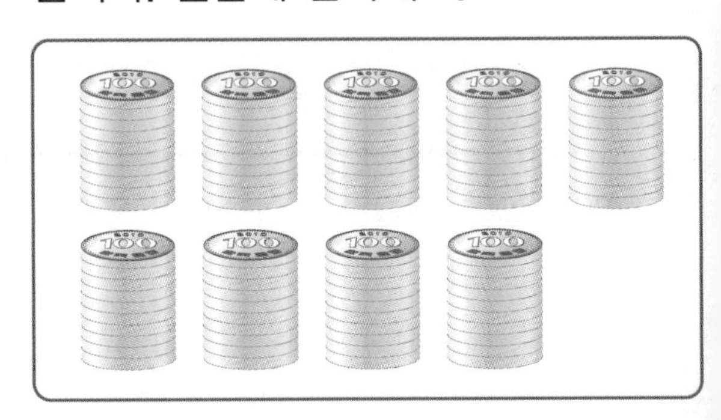

(1) 100원짜리 동전 10개는 얼마일까요?

(　　　　　　)원

(2) 100원짜리 동전 90개는 얼마일까요?

(　　　　　　)원

네 자리 수, 각 자리의 숫자는 얼마를 나타내는지 알기

정답 26쪽

1 수를 바르게 읽은 것을 보기 에서 찾아 ◯ 안에 기호를 써넣으세요.

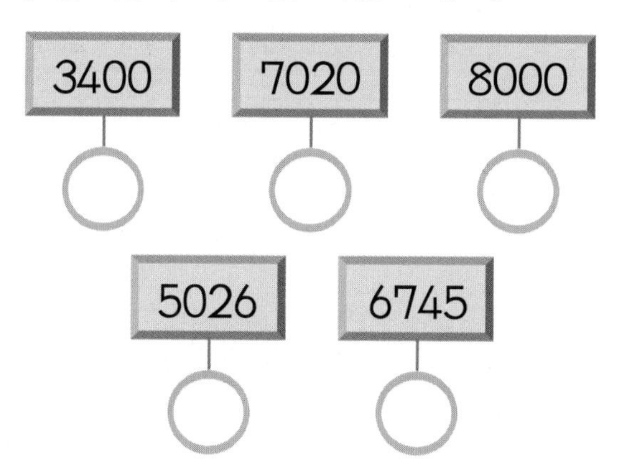

보기
㉠ 육천칠백사십오 ㉡ 삼천사백
㉢ 오천구 ㉣ 팔천
㉤ 오천이십육 ㉥ 칠천이십

2 천의 자리 숫자가 1, 백의 자리 숫자가 3, 십의 자리 숫자가 4, 일의 자리 숫자가 9인 수를 쓰세요.

( )

3 빈칸에 알맞은 수를 써넣으세요.

7346

	숫자	나타내는 수
천의 자리	7	
백의 자리		
십의 자리	4	40
일의 자리		6

4 5407에서 천의 자리 숫자가 나타내는 수를 쓰세요.

( )

5 숫자 4가 40을 나타내는 수를 모두 찾아 쓰세요.

2847 3486 5048 4825

( )

6 ㉠+㉡을 구하세요.

1000이 ㉠개
100이 0개
10이 6개
1이 ㉡개
인 수는 3062

( )

7 두 수 중에서 숫자 3이 나타내는 수가 더 큰 쪽에 ◯표 하세요.

8031 6328

( ) ( )

쉬운 개념 체크

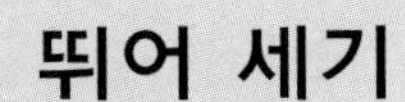

1 뛰어 세는 규칙을 찾아 빈 곳에 알맞은 수를 써넣으세요.

[2 ~ 3] 뛰어 세어 보세요.

2

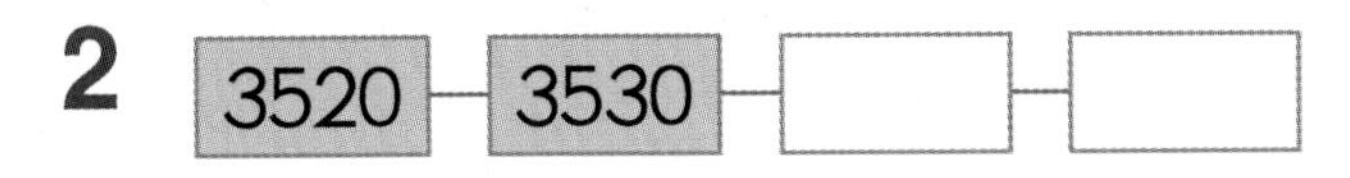

3

[4 ~ 5] 100씩 거꾸로 뛰어 세어 보세요.

4

5712 — ☐ — ☐ — 5412

5

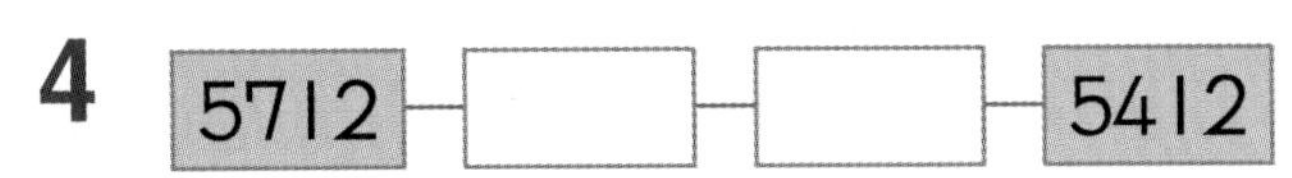

6 다음은 얼마씩 뛰어서 센 것일까요?

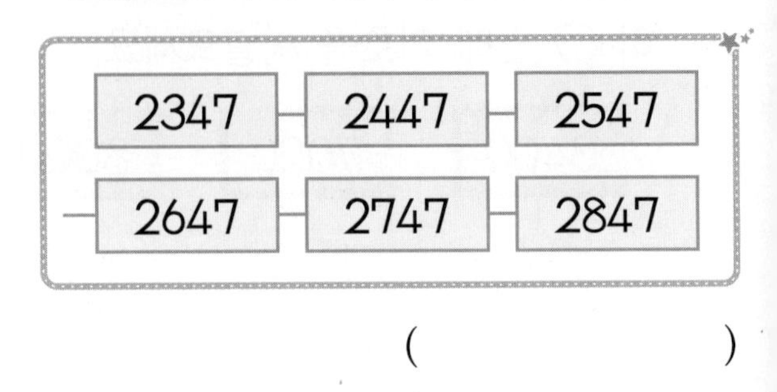

( )

7 진호는 저금통에 5000원이 있었습니다. 하루에 100원씩 8일 동안 모았다면 얼마가 될까요?

( )원

8 수직선에서 ㉮가 나타내는 수는 얼마일까요?

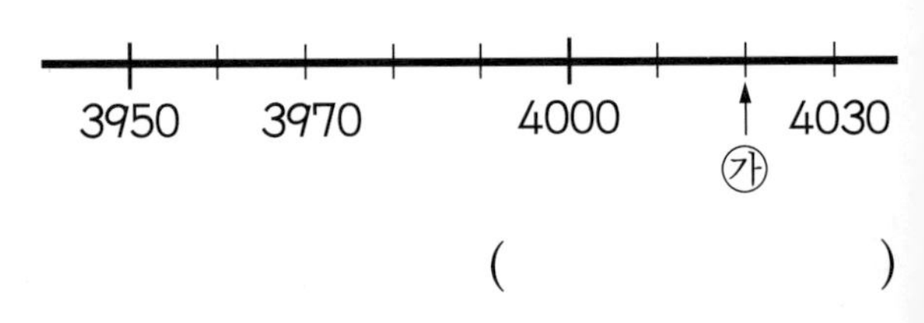

( )

9 1570에서 2번 뛰어 세기를 했더니 3570이 되었습니다. 얼마씩 뛰어서 센 것일까요?

( )

정답 26쪽

1 다음을 $>$ 또는 $<$를 써서 나타내어 보세요.

(1) 6573은 7625보다 작습니다.

➡ ______________

(2) 7208은 5492보다 큽니다.

➡ ______________

2 두 수의 크기를 비교하여 ○ 안에 $>$ 또는 $<$를 알맞게 써넣으세요.

(1) 5028 ○ 4258

(2) 9720 ○ 9719

3 가장 큰 수부터 차례로 기호를 쓰세요.

㉠ 6228	㉡ 5799
㉢ 5982	㉣ 6035

( )

4 수 카드를 보고 물음에 답하세요.

3 8 1 4

(1) 수 카드를 한 번씩만 사용하여 가장 큰 네 자리 수를 만드세요.

( )

(2) 수 카드를 한 번씩만 사용하여 가장 작은 네 자리 수를 만드세요.

( )

5 은주와 세라는 불우 이웃 돕기 성금을 모으기로 했습니다. 은주는 5200원, 세라는 4900원을 모았습니다. 성금을 누가 더 많이 모았나요?

( )

6 수경이와 종근이는 매일 걷기 운동을 합니다. 어제 수경이는 6802걸음, 종근이는 6789걸음을 걸었습니다. 누가 더 많이 걸었나요?

( )

쉬운 개념 체크

2, 5의 단 곱셈구구

1 그림을 보고 □ 안에 알맞은 수를 써넣으세요.

➡ $2\times\square=6$

2 빈칸에 알맞은 수를 써넣으세요.

×	1	2	3	4	5	6
2	2					

3 수직선을 보고 □ 안에 알맞은 수를 써넣으세요.

(1)

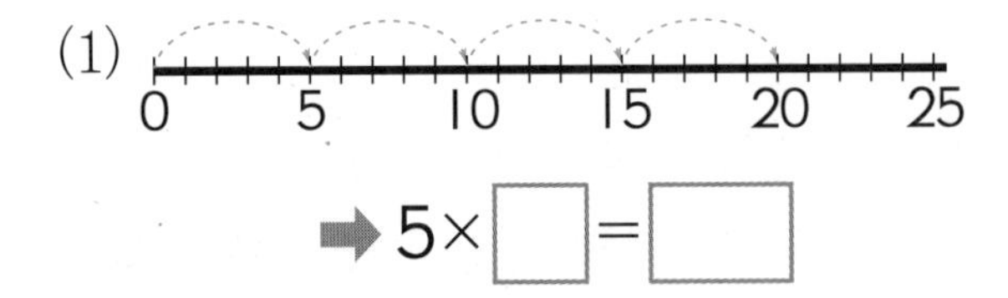

➡ $5\times\square=\square$

(2)

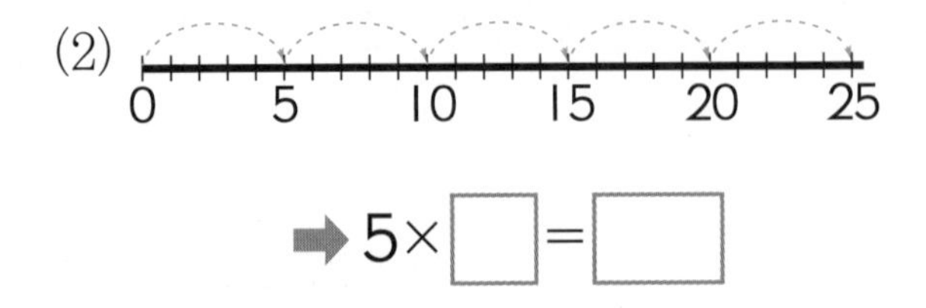

➡ $5\times\square=\square$

4 □ 안에 알맞은 수를 써넣으세요.

(1) $5\times4=\square$

(2) $5\times3=\square$

(3) $5\times7=\square$

(4) $5\times6=\square$

5 빈칸에 알맞은 수를 써넣으세요.

×		
2	㉠	6
㉡	4	20

6 체리를 한 접시에 5개씩 8접시에 담았습니다. 접시에 담은 체리는 모두 몇 개인지 곱셈식으로 알아보세요.

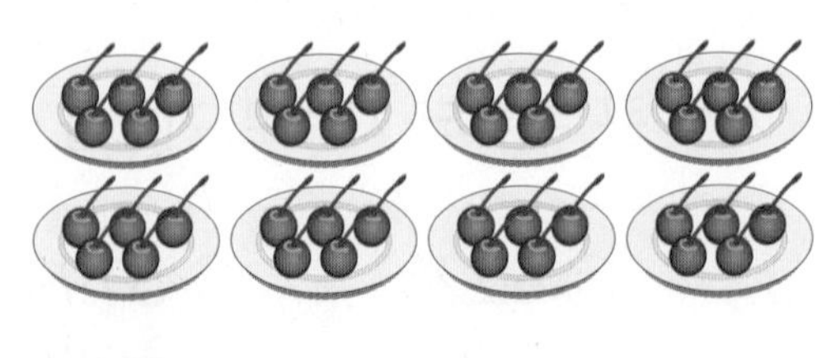

식

답 개

3, 6의 단 곱셈구구

정답 27쪽

1 빈칸에 알맞은 수를 써넣으세요.

×	1	2	4	5	7	8	9
3	3						

2 □ 안에 알맞은 수를 써넣으세요.

(1) $3\times6=\square$

(2) $3\times\square=24$

3 하늬는 책을 하루에 3시간씩 읽고 있습니다. 6일 동안에는 책을 모두 몇 시간 읽게 되는지 곱셈식으로 알아보세요.

식 ______________________

답 ______________ 시간

4 그림을 보고 □ 안에 알맞은 수를 써넣으세요.

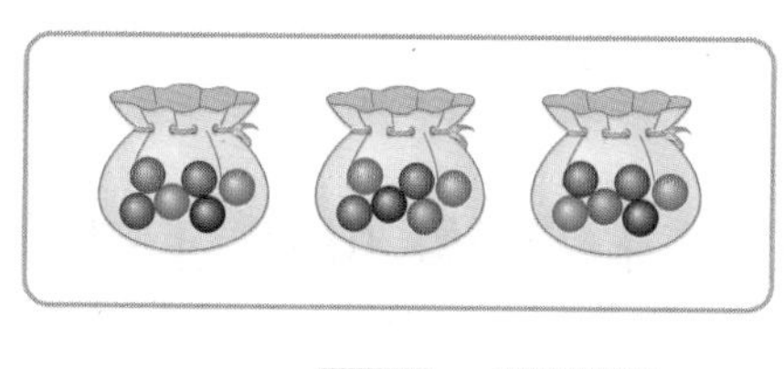

➡ $6\times\square=\square$

5 □ 안에 알맞은 수를 써넣으세요.

(1) $6\times2=\square$

(2) $6\times5=\square$

(3) $6\times\square=48$

(4) $6\times\square=42$

6 6의 단에 나오는 곱을 모두 찾아 ○표 하세요.

1	2	3	4	5	6	7	8	9
10	11	12	13	14	15	16	17	18
19	20	21	22	23	24	25	26	27

7 개미 한 마리의 다리는 6개입니다. 개미 7마리의 다리는 모두 몇 개인지 곱셈식으로 알아보세요.

식 ______________________

답 ______________ 개

쉬운 개념 체크

1 그림을 보고 □ 안에 알맞은 수를 써넣으세요.

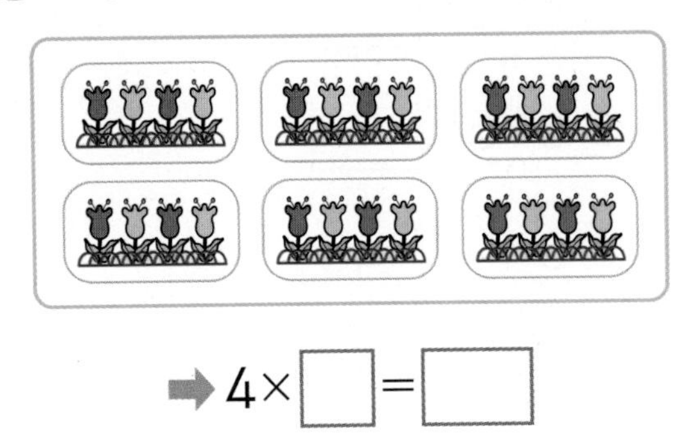

➡ $4\times\square=\square$

2 □ 안에 알맞은 수를 써넣으세요.

(1) $4\times5=\square$

(2) $4\times7=\square$

(3) $4\times9=\square$

3 빈칸에 알맞은 수를 써넣으세요.

4 ×		
2	→	8
3	→	
4	→	

4 □ 안에 알맞은 수를 써넣으세요.

4×8은 4×7보다 □만큼 더 큽니다.

5 한 칸에 4명씩 탈 수 있는 놀이기구가 있습니다. 5칸에는 모두 몇 명이 탈 수 있는지 곱셈식으로 알아보세요.

식 ____________________

답 ________________ 명

6 그림을 보고 □ 안에 알맞은 수를 써넣으세요.

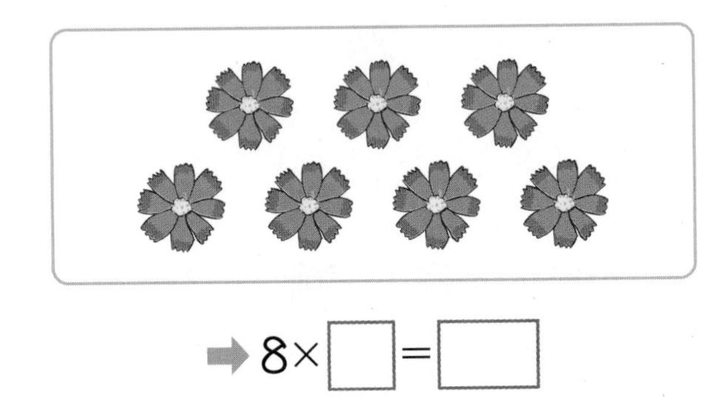

➡ $8\times\square=\square$

7 빈 곳에 알맞은 수를 써넣으세요.

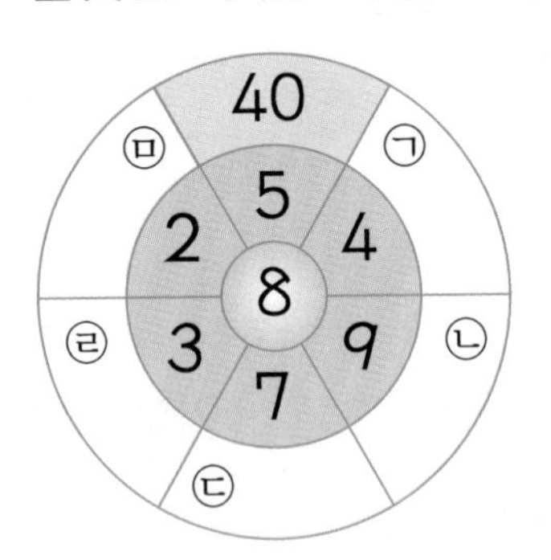

8 경수가 사과를 따서 한 봉지에 8개씩 담았더니 5봉지가 되었습니다. 경수가 딴 사과는 모두 몇 개일까요?

(　　　　　　)개

정답 27쪽

1 사과가 몇 개인지 곱셈식으로 나타내어 보세요.

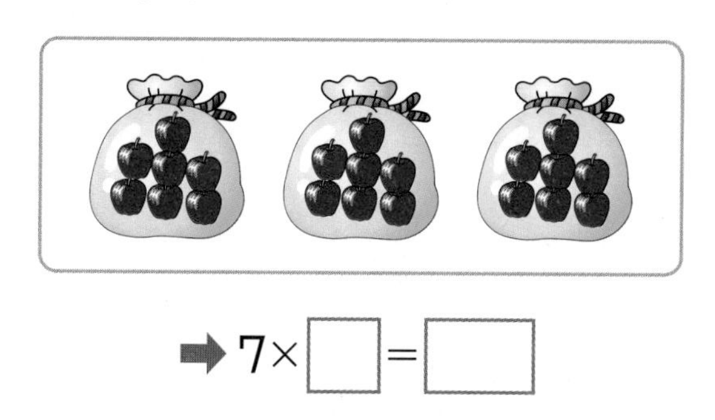

➡ 7×□=□

2 빈 곳에 알맞은 수를 써넣으세요.

(1)

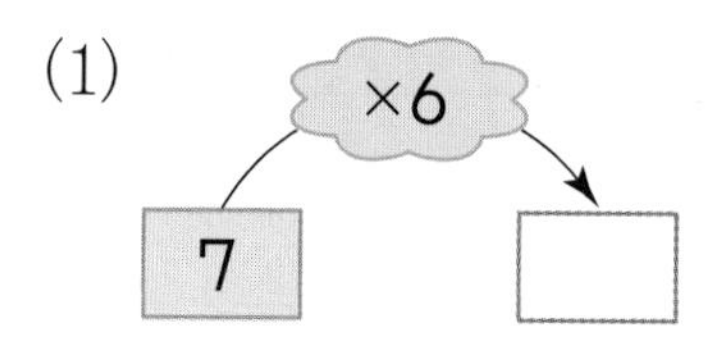

(2)

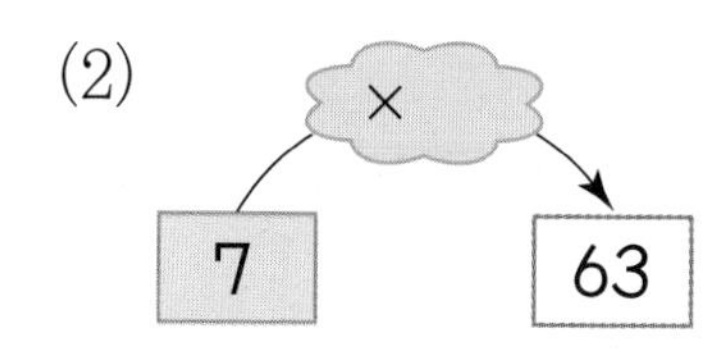

3 빈 곳에 알맞은 수를 써넣으세요.

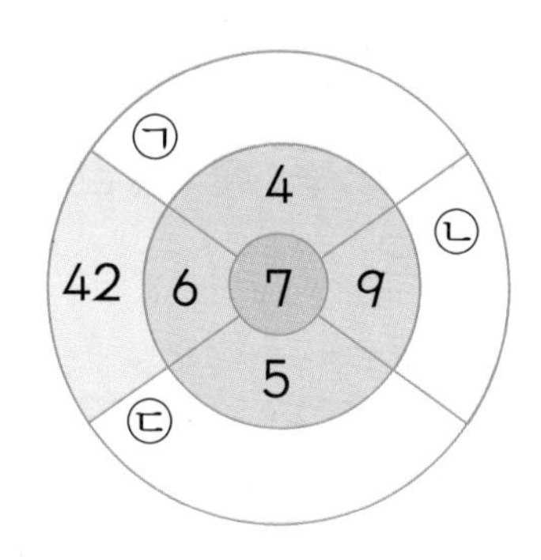

4 7의 단 곱셈구구의 곱을 찾아 이어 보세요.

7×4 •	• 56
7×8 •	• 49
7×7 •	• 28

5 7×5를 계산하는 방법을 설명해 보세요.

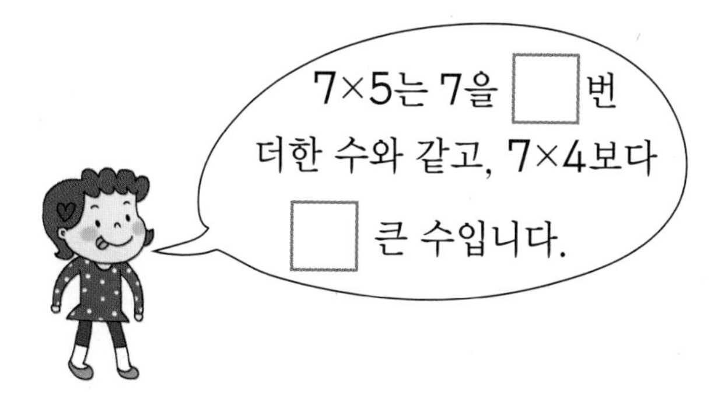

6 쿠키가 한 상자에 7개씩 들어 있습니다. 9상자에 들어 있는 쿠키는 모두 몇 개인지 곱셈식으로 알아보세요.

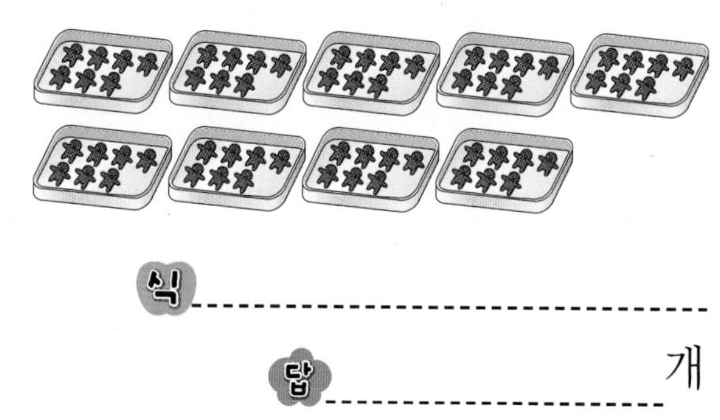

식 ______________________

답 ______________________ 개

쉬운 개념 체크

1 □ 안에 알맞은 수를 써넣으세요.

(1) $9\times6=$ □

(2) $9\times3=$ □

(3) $9\times8=$ □

2 바르게 계산한 것을 찾아 기호를 쓰세요.

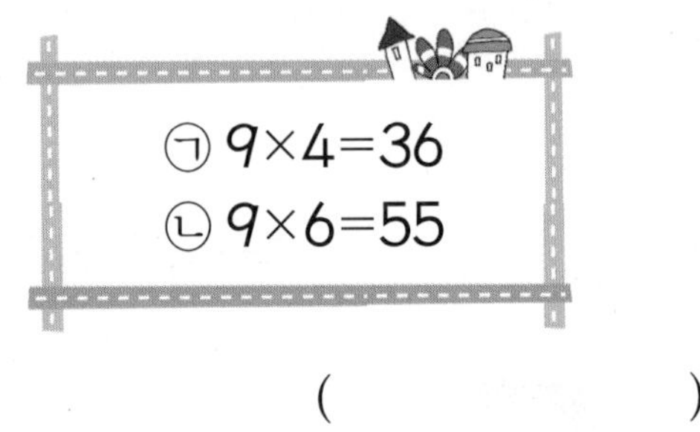

㉠ $9\times4=36$
㉡ $9\times6=55$

(　　　　　　)

3 9의 단 곱셈구구로 뛴 전체 거리를 구해 보세요.

(1) 9 cm　9 cm

➡ $9\times$ □ $=$ □ (cm)

(2)

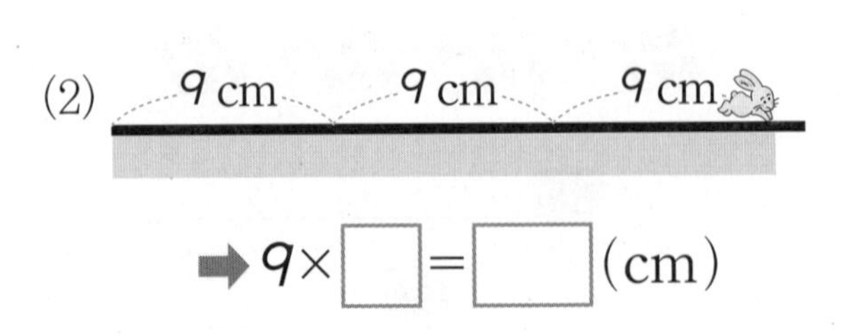

➡ $9\times$ □ $=$ □ (cm)

4 빈 곳에 알맞은 수를 써넣으세요.

(1)

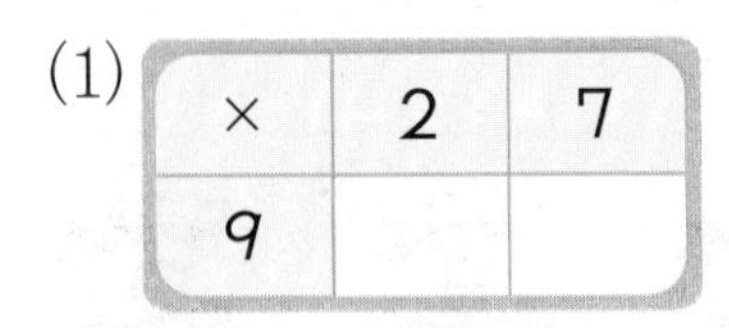

×	2	7
9		

(2)

×	3	8
9		

5 보기 와 같이 수 카드를 한 번씩만 사용하여 □ 안에 알맞은 수를 써넣으세요.

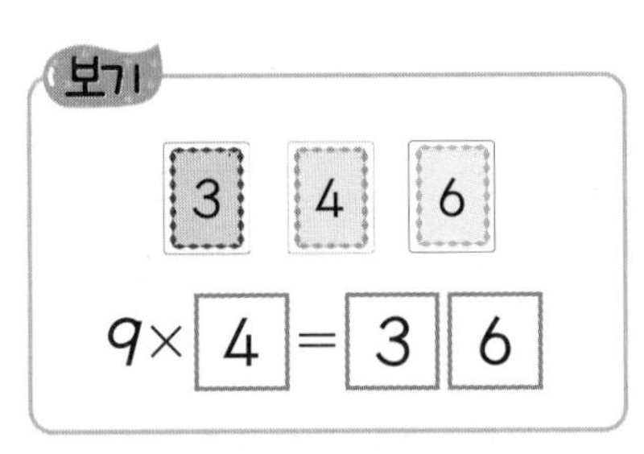

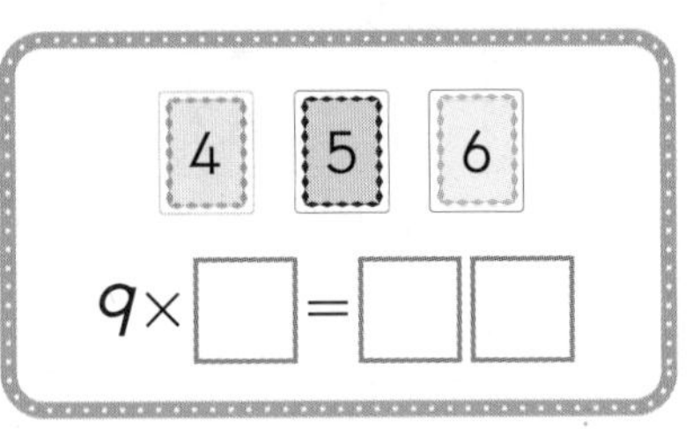

6 은지네 반은 한 모둠에 9명씩 3개 모둠으로 나누어 앉았습니다. 은지네 반 학생들은 모두 몇 명인지 곱셈식으로 알아보세요.

식 ______________________

답 ______________________ 명

✿ 정답 28쪽

1 그림을 보고 꽃은 모두 몇 송이인지 곱셈식으로 알아보세요.

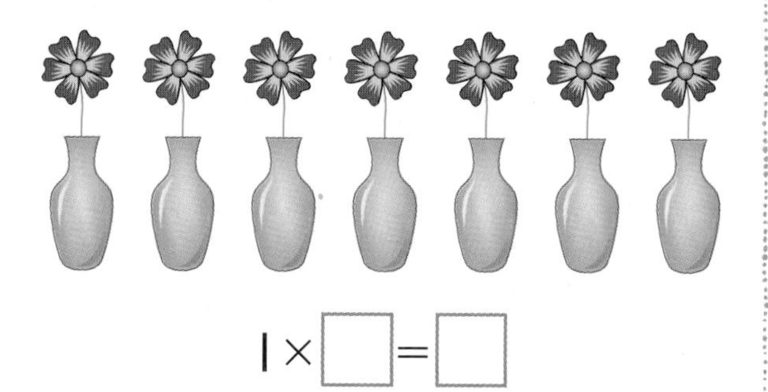

$1 \times \square = \square$

2 빈칸에 알맞은 수를 써넣으세요.

×	1	2	3	4	5	6	7	8	9
0									
1									

3 □ 안에 알맞은 수를 써넣으세요.

(1) $3 \times 0 = \square$

(2) $\square \times 9 = 0$

(3) $\square \times 8 = 8$

(4) $5 \times \square = 5$

4 다음 2장의 수 카드에 적힌 수의 곱은 얼마일까요?

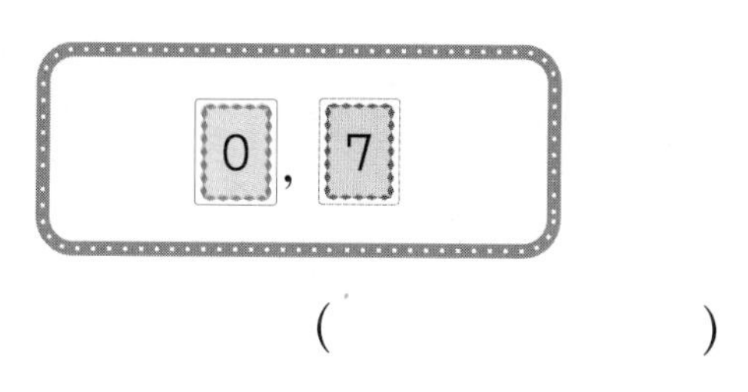

(　　　　　)

5 찬미는 매일 우유 1잔을 마십니다. 6일 동안에는 우유를 모두 몇 잔을 마시게 될까요?

(　　　　　)잔

6 민우와 다희가 과녁맞히기놀이를 하여 점수별로 맞힌 횟수입니다. 물음에 답하세요.

이름 \ 점수	3점	2점	1점	0점
민우	3번	4번	2번	1번
다희	2번	4번	4번	0번

(1) 민우는 모두 몇 점을 얻었을까요?

(　　　　　)점

(2) 다희는 모두 몇 점을 얻었을까요?

(　　　　　)점

(3) 누가 더 높은 점수를 얻었을까요?

(　　　　　)

쉬운 개념 체크

[1 ~ 6] 곱셈표를 보고 물음에 답하세요.

×	1	2	3	4	5	6	7	8	9
1	1	2	3		5	6	7		9
2	2			8	10		14	16	18
3		6	9		15	18	21	24	
4	4		12	16	20	24	28		36
5	5	10		20		30	35		45
6		12	18	24	30	36	42	48	54
7	7	14	21	28	35	42	49	56	63
8	8	16	24	32	40	48	56	64	72
9	9	18	27	36	45	54	63	72	81

1 3의 단 곱셈구구에서는 곱이 얼마씩 커지나요?

( )

2 6의 단 곱셈구구에서는 곱이 얼마씩 커지나요?

( )

3 곱셈표의 빈칸에 알맞은 수를 모두 채워 넣으세요.

4 곱셈표에서 2×7과 7×2를 찾아 색칠하세요.

5 곱셈표에서 6×3과 곱이 같은 곱셈구구를 모두 찾아 쓰세요.

( )

6 곱셈표를 보고 □ 안에 알맞은 수를 써넣으세요.

(1) $3\times6=6\times\square$

(2) $5\times\square=8\times5$

[7 ~ 8] 곱셈표를 보고 물음에 답하세요.

×	1	2	3	4	5	6	7	8
4	4	8	12	16	20	24	28	32
5	5	10	15	20	25	30	35	40
6	6	12	18	24	30	36	42	48
7	7	14	21	28	35	42	49	56
8	8	16	24	32	40	48	56	64
9	9	18	27	36	45	54	63	72

7 빨간색 선으로 둘러싸인 곳에 있는 수들에는 어떤 규칙이 있는지 쓰세요.

8 6×8과 곱이 같은 곱셈식을 찾아 쓰세요.

$\square\times\square=\square$

곱셈구구를 이용해서 문제 해결하기

정답 28쪽

1 꽃은 모두 몇 송이인지 곱셈식으로 알아보세요.

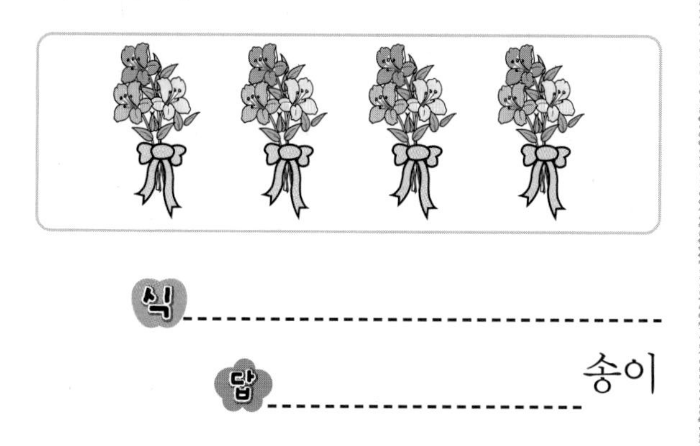

식 ______________________

답 ______________________ 송이

2 별은 모두 몇 개인지 곱셈식으로 알아보세요.

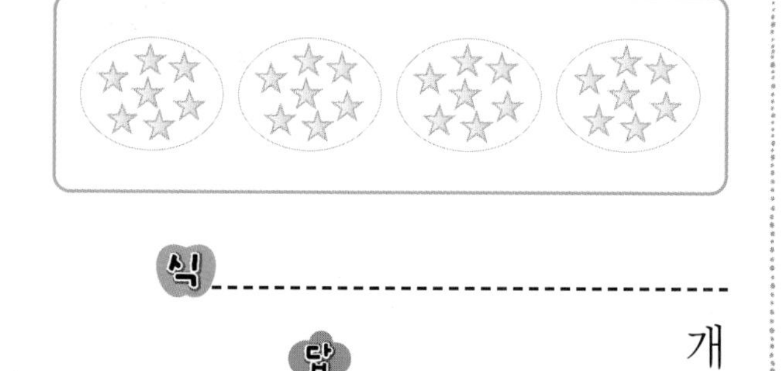

식 ______________________

답 ______________________ 개

3 비행기는 모두 몇 대인지 곱셈식을 2개 쓰세요.

(,)

4 영주네 반 교실에는 의자가 8개씩 4줄로 놓여 있습니다. 의자는 모두 몇 개인지 곱셈식으로 알아보세요.

식 ______________________

답 ______________________ 개

5 운동장에 학생들이 한 줄에 7명씩 5줄로 서 있습니다. 학생들은 모두 몇 명인지 곱셈식으로 알아보세요.

식 ______________________

답 ______________________ 명

6 한 송이에 9개씩 있는 바나나가 4송이 있습니다. 바나나는 모두 몇 개인지 곱셈식으로 알아보세요.

식 ______________________

답 ______________________ 개

7 6명의 친구들이 가위바위보를 하고 있습니다. 모두 보를 내었다면 펼친 손가락은 모두 몇 개일까요?

( )개

쉬운 개념 체크

cm보다 더 큰 단위, 자로 길이 재기

1 길이를 읽어 보세요.

6 m 47 cm

(　　　　　　　　　　)

2 □ 안에 알맞은 수를 써넣으세요.

(1) 900 cm= □ m

(2) 745 cm= □ m □ cm

(3) 3 m 7 cm= □ cm

3 길이를 비교하여 ○ 안에 >, =, < 를 알맞게 써넣으세요.

(1) 5 m 4 cm ○ 504 cm

(2) 540 cm ○ 5 m 24 cm

4 길이를 나타낼 때 cm와 m 중에서 알맞은 단위를 쓰세요.

(1) 볼펜의 길이 (　　　　)

(2) 운동장 긴 쪽의 길이 (　　　　)

(3) 비행기의 길이 (　　　　)

(4) 키보드의 길이 (　　　　)

5 1 m보다 긴 물건의 길이를 재는 데 알맞은 것을 찾아 기호를 쓰세요.

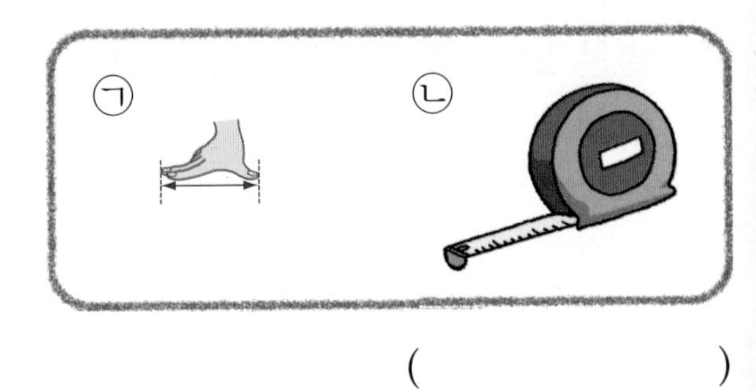

(　　　　)

6 신발장의 높이는 1 m보다 30 cm 더 높습니다. 신발장의 높이는 몇 cm일까요?

(　　　　)cm

7 선주의 키는 1 m 38 cm이고, 현준이의 키는 129 cm입니다. 누구의 키가 더 클까요?

(　　　　)

길이의 합 구하기

정답 29쪽

[1 ~ 3] □ 안에 알맞은 수를 써넣으세요.

1

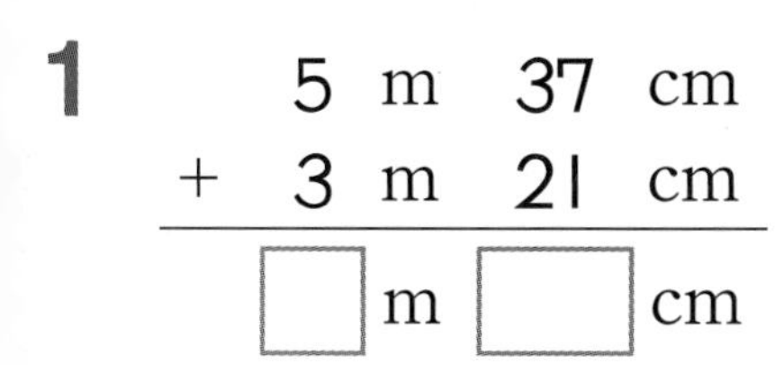

2

$$\begin{array}{rrrr} & 3\text{ m} & 28\text{ cm} \\ + & 2\text{ m} & 35\text{ cm} \\ \hline & \square\text{ m} & \square\text{ cm} \end{array}$$

3 4 m 53 cm+5 m 32 cm

=□ m □ cm

4 ○ 안에 > 또는 <를 알맞게 써넣으세요.

(1) 2 m 25 cm+3 m 44 cm ○ 570 cm

(2) 335 cm+8 m 23 cm ○ 12 m

5 그림을 보고 □ 안에 알맞은 수를 써넣으세요.

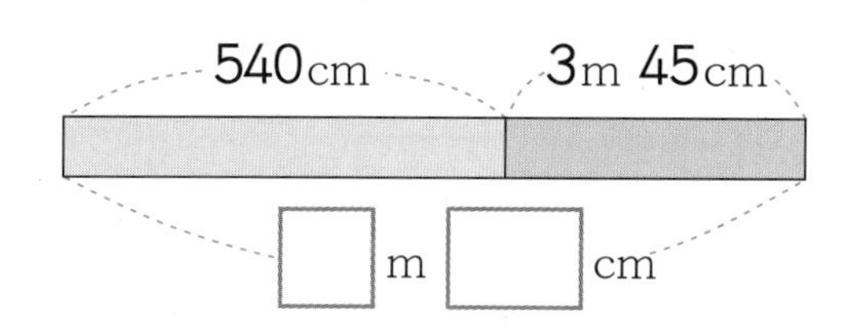

6 철사를 지영이는 2 m 16 cm 가지고 있고, 혜림이는 4 m 62 cm 가지고 있습니다. 두 사람이 가지고 있는 철사의 길이는 모두 몇 cm일까요?

( )cm

7 다윤이는 상자를 묶으려고 합니다. 매듭의 길이를 35 cm로 할 때, 상자를 묶는 데 필요한 끈의 길이는 모두 몇 m 몇 cm일까요?

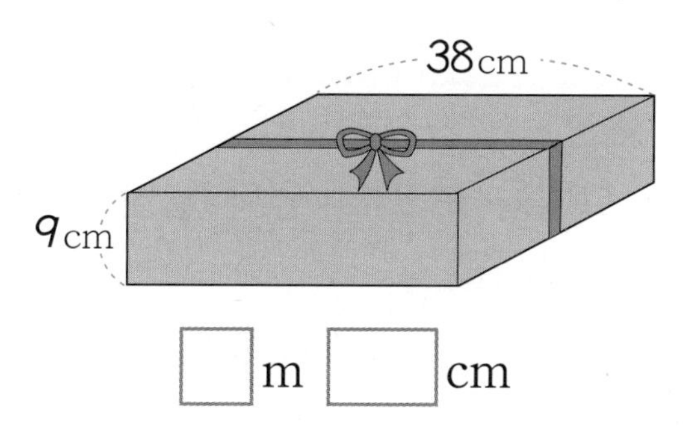

□ m □ cm

쉬운 개념 체크

[1 ~ 3] □ 안에 알맞은 수를 써넣으세요.

1

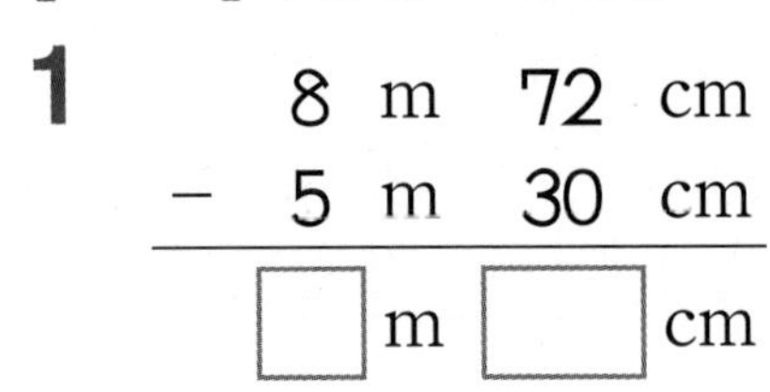

$$\begin{array}{rrrr} & 8\text{ m} & 72\text{ cm} \\ - & 5\text{ m} & 30\text{ cm} \\ \hline & \square\text{ m} & \square\text{ cm} \end{array}$$

2

$$\begin{array}{rrrr} & 13\text{ m} & 59\text{ cm} \\ - & 6\text{ m} & 27\text{ cm} \\ \hline & \square\text{ m} & \square\text{ cm} \end{array}$$

3 9 m 77 cm−4 m 36 cm

=□ m □ cm

4 그림을 보고 □ 안에 알맞은 수를 써넣으세요.

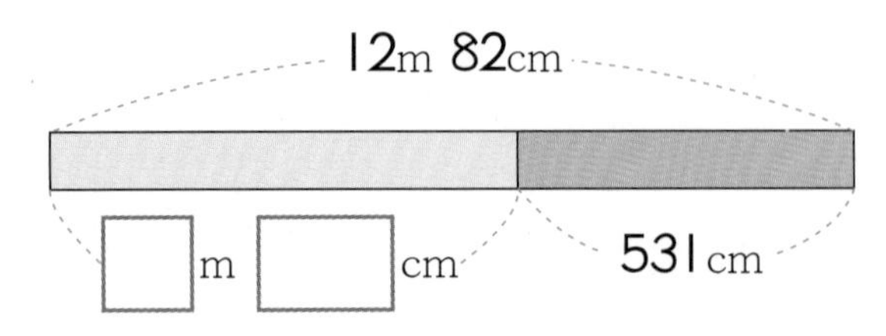

5 두 길이의 차는 몇 m 몇 cm일까요?

587 cm, 3 m 46 cm

□ m □ cm

6 ○ 안에 > 또는 <를 알맞게 써넣으세요.

764 cm−5 m 32 cm ○ 2 m 30 cm

7 길이가 5 m 67 cm인 빨간색 테이프와 3 m 25 cm인 노란색 테이프가 있습니다. 두 테이프의 길이의 차는 몇 m 몇 cm일까요?

□ m □ cm

8 영민이와 재영이는 공 던지기를 했습니다. 영민이는 5 m 43 cm를 던졌고, 재영이는 6 m 58 cm를 던졌습니다. 누가 몇 m 몇 cm 더 멀리 던졌을까요?

______이가 ______ m ______ cm 더 멀리 던졌습니다.

정답 30쪽

[1 ~ 2] 몸의 일부를 이용하여 길이를 잴 때, 어느 부분으로 재는 것이 좋은지 기호를 찾아 쓰세요.

㉠ 양팔 사이의 길이
㉡ 엄지 손가락 너비
㉢ 한 뼘
㉣ 한 걸음의 길이

1 볼펜의 길이

( )

2 복도의 길이

( )

3 은정이의 키가 1 m일 때 타조의 키는 약 몇 m일까요?

약 ( )m

[4 ~ 6] 길이가 80 cm인 양팔 사이의 길이를 이용하여 칠판의 길이를 재어 보려고 합니다. 물음에 답하세요.

4 칠판의 길이는 양팔 사이의 길이로 몇 번일까요?

( )번

5 칠판의 길이는 80 cm의 몇 배일까요?

( )배

6 칠판의 길이는 약 몇 m 몇 cm라고 어림할 수 있을까요?

약 □ m □ cm

7 알맞은 길이를 골라 문장을 완성해 보세요.

120 cm	7 m	100 m

(1) 2학년인 수진이의 키는 약 □ 입니다.

(2) 축구 골대의 긴 쪽의 길이는 약 □ 입니다.

쉬운 개념 체크

몇 시 몇 분을 알아보기 (1)

1 시계에서 각각의 수가 나타내는 분을 알맞게 써넣으세요.

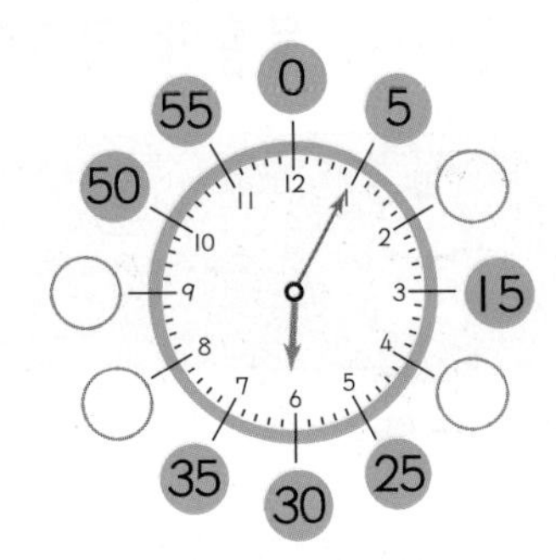

2 시계를 보고 □ 안에 알맞은 수를 써넣으세요.

(1) 짧은바늘은 □과 □ 사이에 있습니다.

(2) 긴바늘은 □를 가리키고 있습니다.

(3) 시계가 나타내는 시각은 □시 □분입니다.

3 □ 안에 알맞은 수를 써넣으세요.

(1) 시계의 긴바늘이 숫자 1을 가리키면 □분을 나타냅니다.

(2) 시계의 긴바늘이 숫자 □을 가리키면 30분을 나타냅니다.

[4 ~ 5] 시각을 읽고 써 보세요.

4

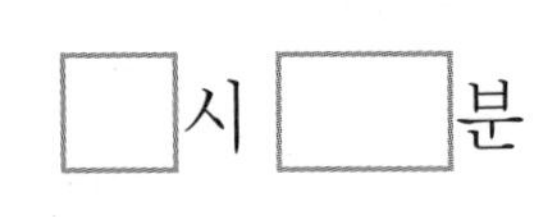

5

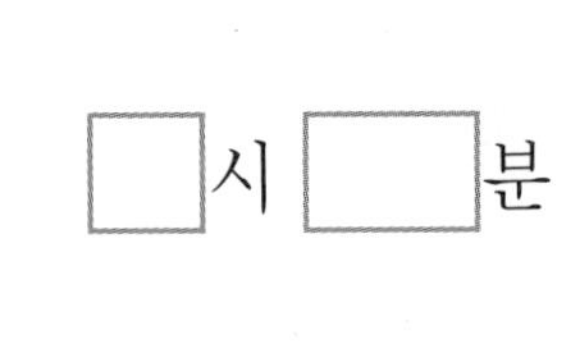

6 민정이가 점심을 먹는 시각입니다. 민정이는 몇 시 몇 분에 점심을 먹을까요?

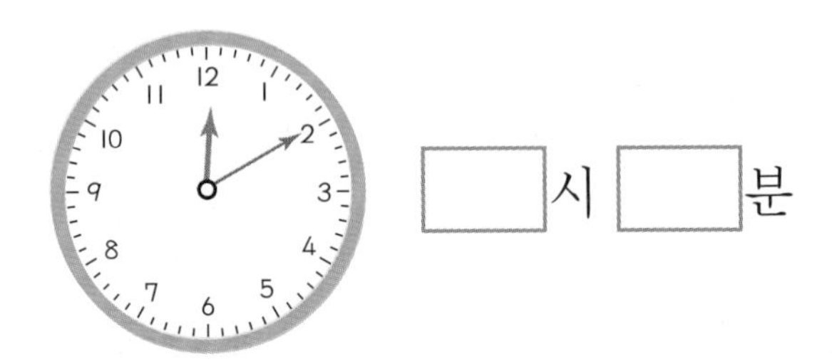

7 수지는 거울에 비친 시계를 보았습니다. 이 시계가 나타내는 시각은 몇 시 몇 분일까요?

□시 □분

몇 시 몇 분을 알아보기 (2)

정답 30쪽

1 시계에 대한 설명으로 알맞은 것에 ○표 하세요.

시계에서 긴바늘이 가리키는 작은 눈금 한 칸은 1(시간, 분)을 나타냅니다.

2 시각을 써 보세요.

(1)

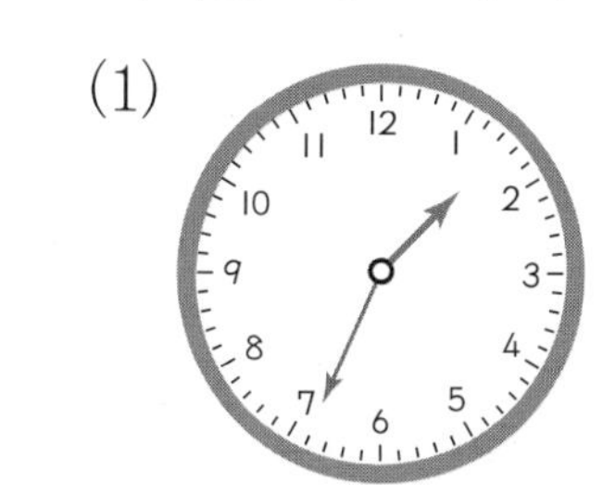

☐시 ☐분

(2)

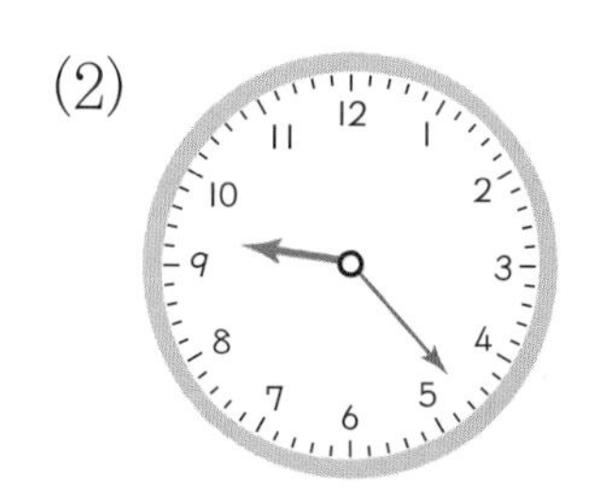

☐시 ☐분

3 연정이가 시계를 보았더니 짧은바늘은 6과 7 사이를 가리키고 긴바늘은 9에서 작은 눈금 3칸을 더 간 곳을 가리키고 있습니다. 연정이가 본 시계의 시각을 써 보세요.

☐시 ☐분

4 5시 23분을 모형 시계에 나타내려고 합니다. ☐ 안에 알맞은 수를 써넣으세요.

짧은바늘은 숫자 ☐와 ☐ 사이에, 긴바늘은 숫자 4에서 작은 눈금 ☐칸 더 간 곳을 가리키도록 그립니다.

5 시각을 보고 시계에 긴바늘을 알맞게 그려 넣으세요.

6 준성이는 6시 13분에 저녁밥을 먹고, 7시 5분에 일기를 썼습니다. 시각에 맞게 시계에 바늘을 그려 넣으세요.

저녁밥 먹기

일기 쓰기

쉬운 개념 체크

여러 가지 방법으로 시각 읽기, 1시간을 알기

1 □ 안에 알맞은 수를 써넣으세요.

(1) 7시 50분은 8시 □분 전입니다.

(2) 9시 15분 전은 □시 □분입니다.

2 다음 시각을 읽어 보세요.

□시 □분 전

3 세찬이는 1시 20분에 집을 출발하여 1시 55분에 할머니 댁에 도착하였습니다. □ 안에 알맞은 수를 써넣으세요.

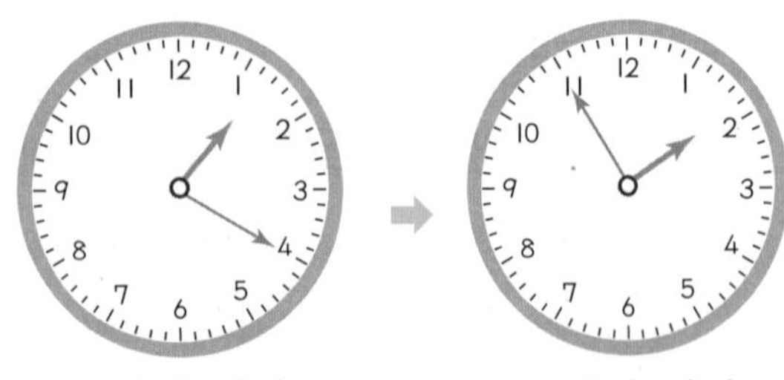

할머니 댁에 가는 데 걸린 시간은 □분입니다.

[4 ~ 6] 민기는 6시 10분에 운동을 시작하여 6시 50분에 끝냈습니다. 물음에 답하세요.

4 운동을 시작한 시각과 끝낸 시각을 시계에 나타내세요.

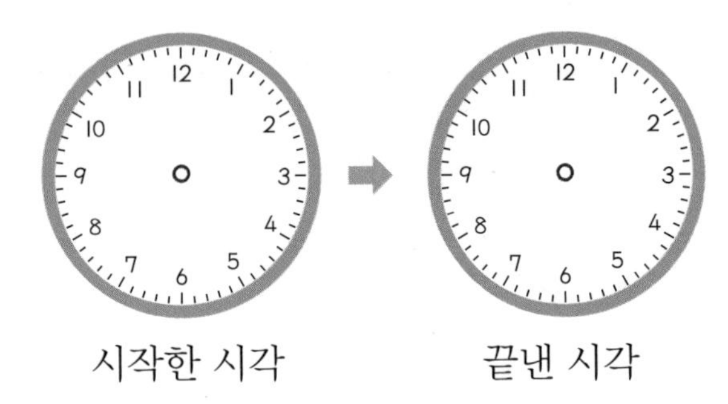

5 민기가 운동한 시간을 시간 띠에 나타내세요.

6시	10분	20분	30분	40분	50분	7시

6 민기가 운동을 하는 데 걸린 시간은 몇 분일까요?

( )분

7 혜원이는 1시 45분에 집에 돌아와서 1시간 10분 동안 숙제를 하였습니다. 혜원이가 숙제를 끝낸 시각은 몇 시 몇 분일까요?

□시 □분

정답 31쪽

1 □ 안에 알맞은 수나 말을 써넣으세요.

(1) 전날 밤 12시부터 낮 12시까지를 □이라 하고, 낮 12시부터 밤 12시까지를 □라고 합니다.

(2) 하루는 □시간입니다.

2 지은이는 아침에 집에서 출발하여 낮에 할머니 댁에 도착했습니다. 출발한 시각과 할머니 댁에 도착한 시각을 오전, 오후를 써서 답하세요.

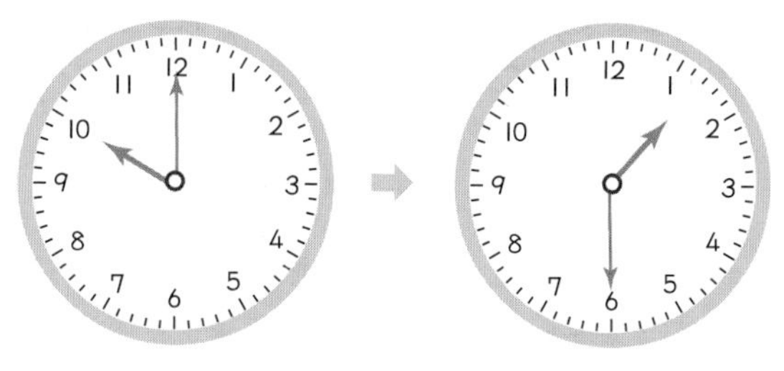

출발한 시각　　도착한 시각

출발한 시각 : □ □시

도착한 시각 : □ □시 □분

3 □ 안에 알맞은 수를 써넣으세요.

(1) 52시간=□일 □시간

(2) 1일 15시간=□시간

[4 ~ 5] 도연이는 오전 11시부터 오후 1시까지 공부를 했습니다. 물음에 답하세요.

4 도연이가 공부한 시간을 시간 띠에 나타내세요.

12 1 2 3 4 5 6 7 8 9 10 11 12

1 2 3 4 5 6 7 8 9 10 11 12

←12시간(오전)→ ←12시간(오후)→

←24시간→

5 도연이가 공부한 시간은 몇 시간일까요?

(　　　　　)시간

6 소율이는 오늘 8시간 동안 학교에 있었고, 4시간 동안 학원에 있었습니다. 나머지 시간은 집에 있었다면 소율이가 오늘 하루 집에 있었던 시간은 몇 시간일까요?

(　　　　　)시간

7 달팽이에 대한 관찰 일지를 쓰기 위해서 동윤이는 1일 6시간 동안 관찰하였고, 주현이는 28시간 동안 관찰하였습니다. 누가 더 오래 관찰하였을까요?

(　　　　　)

쉬운 개념 체크

[1 ~ 3] 달력을 보고 물음에 답하세요.

일	월	화	수	목	금	토
				1	2	3
4	5	6	7	8	9	10

1 같은 요일이 며칠마다 반복되나요?

( )일

2 이달의 세 번째 일요일은 며칠일까요?

( )일

3 이달의 23일은 무슨 요일일까요?

( )

4 어느 해 9월의 달력입니다. 9월 25일은 무슨 요일일까요?

일	월	화	수	목	금	토
	1	2	3	4	5	6
7	8	9				

( )

5 월별 날수를 조사하여 빈칸에 알맞은 수를 써넣으세요.

월	6	8	10	12
날수				

6 어느 달의 1일이 금요일이었습니다. 이 달의 25일은 무슨 요일일까요?

( )

7 1년 중 날수가 가장 적은 달은 어느 달일까요?

( )월

8 □ 안에 알맞은 수를 써넣으세요.

(1) 10일=□주일 □일

(2) 3주일 2일=□일

(3) 1년 11개월=□개월

(4) 27개월=□년 □개월

쉬운 개념 체크

표로 나타내기

정답 32쪽

[1 ~ 4] 선정이네 반 학생들이 좋아하는 운동을 조사하여 나타낸 것입니다. 물음에 답하세요.

좋아하는 운동

이름	운동	이름	운동	이름	운동
선정	농구	민수	수영	성수	농구
혜미	야구	은정	축구	민경	축구
정근	축구	서연	야구	지우	수영
영호	농구	형주	수영	별이	축구

1 선정이는 어떤 운동을 좋아하나요?

( )

2 자료를 보고 세면서 /로 표시해 보세요.

좋아하는 운동별 학생 수

운동	농구	야구	축구	수영
학생 수(명)				

3 조사한 자료를 보고 표로 나타내어 보세요.

좋아하는 운동별 학생 수

운동	농구	야구	축구	수영	합계
학생 수(명)					

4 가장 많은 학생들이 좋아하는 운동은 무엇일까요?

( )

[5 ~ 7] 민정이네 반 학생들이 좋아하는 동물을 조사하여 표로 나타내었습니다. 물음에 답하세요.

좋아하는 동물별 학생 수

동물	강아지	고양이	말	사자	합계
학생 수(명)	11	5	8	6	

5 조사한 학생은 모두 몇 명일까요?

( )명

6 가장 많은 학생들이 좋아하는 동물은 무엇일까요?

( )

7 강아지를 좋아하는 학생은 고양이를 좋아하는 학생보다 몇 명 더 많을까요?

( )명

8 어느 해 12월의 날씨를 조사한 표입니다. 맑은 날은 며칠일까요?

날 씨

날씨	맑음	흐림	비	눈	합계
날수(일)		5	3	8	31

맑음 흐림 비 눈

( )일

쉬운 개념 체크

[1 ~ 3] 아라의 학용품입니다. 그림을 보고 물음에 답하세요.

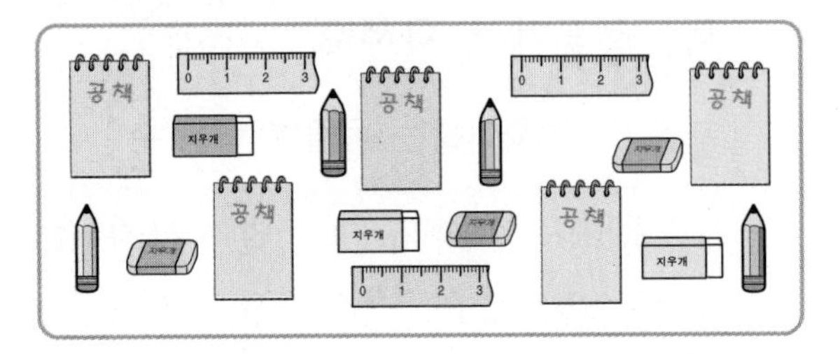

1 자료를 보고 표로 나타내어 보세요.

종류별 학용품의 개수

학용품	공책	연필	지우개	자	합계
개수(개)					

2 표를 보고 ○를 사용하여 그래프로 나타내어 보세요.

종류별 학용품의 개수

6				
5				
4				
3				
2				
1				
개수(개) / 학용품	공책	연필	지우개	자

3 학용품의 개수가 가장 많은 것부터 차례로 이름을 쓰세요.

( )

[4 ~ 6] 채율이네 반 학생들이 좋아하는 색깔을 나타낸 표입니다. 물음에 답하세요.

좋아하는 색깔별 학생 수

색깔	빨강	노랑	파랑	초록	합계
학생 수(명)	4	5	8	6	

4 조사한 학생은 모두 몇 명일까요?

( )명

5 표를 보고 ○를 사용하여 그래프로 나타내어 보세요.

좋아하는 색깔별 학생 수

8				
7				
6				
5				
4				
3				
2				
1				
학생 수(명) / 색깔	빨강	노랑	파랑	초록

6 조사한 것을 그래프로 나타내었을 때 편리한 점을 쓰세요.

정답 33쪽

[1 ~ 2] 지연이네 반 학생들이 좋아하는 주스의 종류를 조사한 것입니다. 물음에 답하세요.

좋아하는 주스

이름	주스	이름	주스	이름	주스	이름	주스
지연	오렌지	승범	포도	승준	오렌지	병우	포도
선영	포도	철규	오렌지	민준	포도	명선	오렌지
현숙	포도	유경	사과	나리	오렌지	원희	사과
재우	토마토	혜은	오렌지	슬기	포도	영수	오렌지
진호	사과	다은	오렌지	종식	사과	수경	토마토

1 자료를 보고 표로 나타내어 보세요.

좋아하는 주스별 학생 수

주스	오렌지	포도	토마토	사과	합계
학생 수(명)					

2 표를 보고 ○를 사용하여 그래프로 나타내어 보세요.

좋아하는 주스별 학생 수

8				
7				
6				
5				
4				
3				
2				
1				
학생 수(명) / 주스	오렌지	포도	토마토	사과

[3 ~ 5] 바구니에 모래주머니를 던져 들어가면 ○표, 들어가지 않으면 ×표를 한 것입니다. 물음에 답하세요.

모래주머니넣기

이름 / 횟수	1번	2번	3번	4번	5번
주희	○	○	○	○	○
영혜	○	×	○	○	×
설희	×	○	×	×	○
유영	×	○	×	×	×

3 자료를 보고 표로 나타내어 보세요.

모래주머니넣기 성적

이름	주희	영혜	설희	유영
횟수(번)				

4 모래주머니를 가장 많이 넣은 사람은 누구일까요?

(　　　　　　)

5 표를 보고 ○를 사용하여 그래프로 나타내어 보세요.

모래주머니넣기 성적

이름 / 횟수	1번	2번	3번	4번	5번
주희					
영혜					
설희					
유영					

쉬운 개념 체크

덧셈표에서 규칙 찾기

[1 ~ 3] 덧셈표를 보고 물음에 답하세요.

+	1	2	3	4
1	2	3	4	5
2		4	5	6
3			6	7
4				8

1 규칙을 찾아 빈칸에 알맞은 수를 써넣으세요.

2 빨간색 선 안의 수들은 어떤 규칙이 있을까요?

____

3 파란색 선 안의 수들은 어떤 규칙이 있을까요?

____

4 덧셈표에서 규칙을 찾아 빈칸에 알맞은 수를 써넣으세요.

	14	15
	15	16

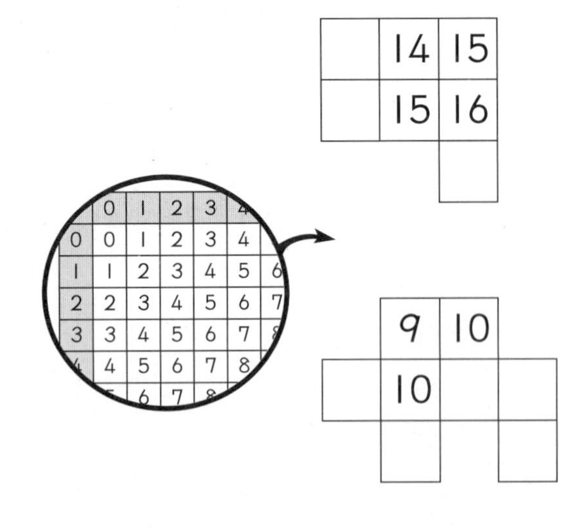

	9	10
	10	

[5 ~ 6] 덧셈표를 보고 물음에 답하세요.

+	2	4	6	8
2	4	6	8	10
4	6	8		
6	8	10		
8	10	12		

5 규칙을 찾아 덧셈표를 완성하세요.

6 빨간색 선 안에 있는 수들은 어떤 규칙이 있을까요?

____

[7 ~ 8] 덧셈표를 만들고 규칙을 찾아 보세요.

+	2	4	6	8
5	7	9		13
7	9		13	
9	11		15	17
11	13	15		

7 빈칸에 알맞은 수를 써넣으세요.

8 덧셈표에서 규칙을 찾아 써 보세요.

규칙 ______________________

____

곱셈표에서 규칙 찾기

정답 34쪽

[1 ~ 3] 곱셈표를 보고 물음에 답하세요.

×	2	4	6	8
2	4	8	12	
4	8	16	24	
6	12		36	48
8	16	32	㉠	64

1 ㉠에 알맞은 수를 구하세요.

(　　　　　　　)

2 곱셈표를 완성해 보세요.

3 노란색으로 색칠된 칸에 있는 수들은 어떤 규칙들이 있을까요?

(　　　　　　　)

4 곱셈표에서 규칙을 찾아 빈칸에 알맞은 수를 써넣으세요.

×	2	3	4	5	6
2	4			10	12
3	6	9			
4	8	12			
5					
6			24		36

[5 ~ 6] 곱셈표를 보고 물음에 답하세요.

×	1	2	3	4	5
1	1	2	3	4	5
2	2	4	6	8	10
3	3	6	9	12	
4	4	8	12	16	20
5	5	10		20	25

5 빨간색 선 안에 있는 수들은 어떤 규칙이 있을까요?

(　　　　　　　)

6 빈칸에 공통으로 들어갈 수는 무엇일까요?

(　　　　　　　)

7 곱셈표에서 규칙을 찾아 빈칸에 알맞은 수를 써넣으세요.

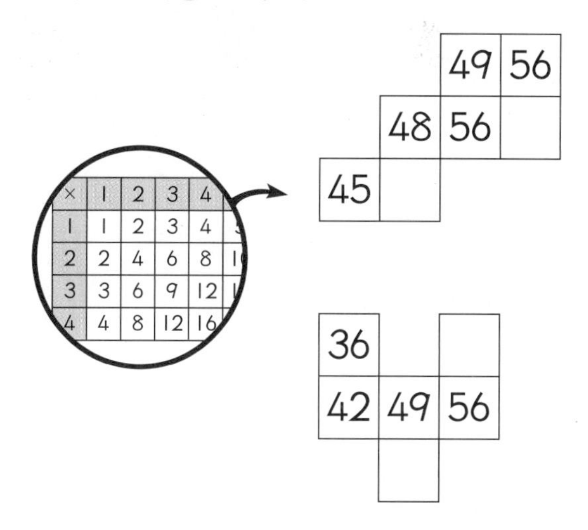

[1 ~ 2] 규칙에 따라 무늬를 만들었습니다. □ 안에 알맞은 모양을 그려 넣으세요.

1

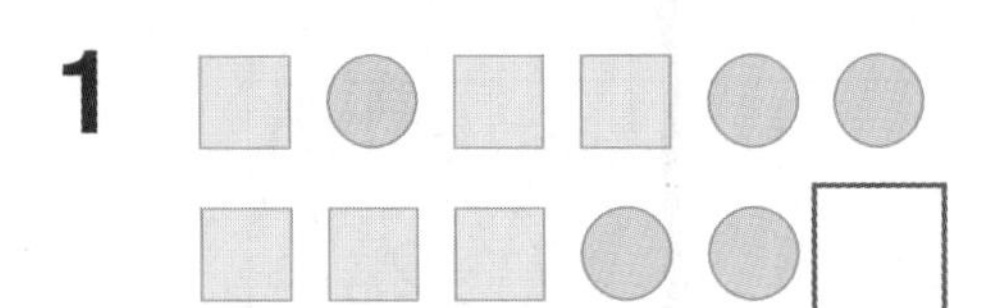

2

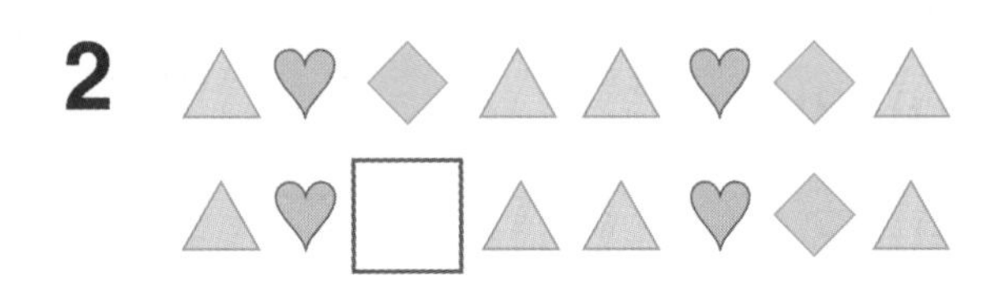

3 모양을 ●는 1, ○는 2, ◉는 3으로 바꾸어 나타내어 보세요.

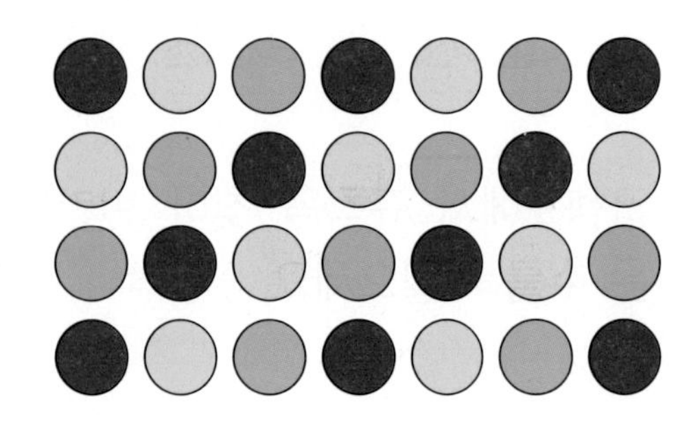

1	2	3	1	2	3	1
2	3	1	2	3	1	2

4 규칙에 따라 다음과 같이 색칠할 때 □ 안에 알맞은 모양은 어느 것일까요? ····································( )

①   ②   ③

④   ⑤

[5 ~ 6] 다음은 어떤 규칙으로 쌓기나무를 쌓은 것입니다. 물음에 답하세요.

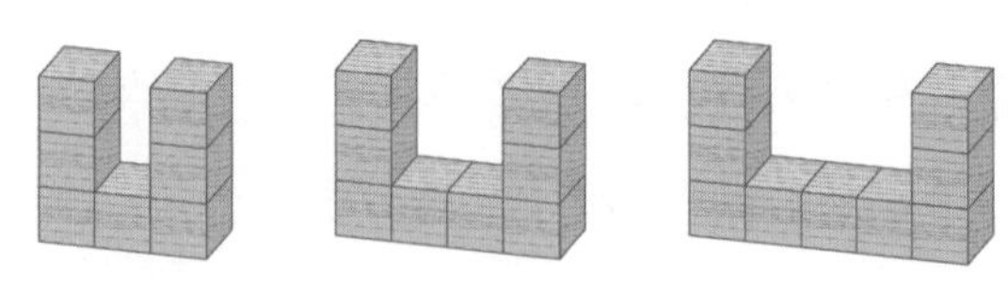

5 쌓기나무가 몇 개씩 늘어나는 규칙일까요?

규칙 ________________________________

____

6 네 번째에 올 모양에 쌓기나무는 모두 몇 개일까요?

( )개

정답 34쪽

[1 ~ 2] 달력을 보고 물음에 답하세요.

일	월	화	수	목	금	토
			1	2	3	4
5	6	7	8	9	10	11
12	13	14	15	16	17	18
19	20	21	22	23	24	25
26	27	28	29	30	31	

1 목요일에 있는 수의 규칙을 써 보세요.

____

____

2 달력에서 규칙을 찾아 써 보세요.

____

____

3 달력의 일부분이 찢어져 있습니다. 이 달의 세 번째 토요일은 며칠일까요?

일	월	화	수	목	금	토
			1	2	3	4
5	6	7	8	9	10	
12	13	14	15			

(　　　　　　)일

4 채율이네 반에 있는 사물함입니다. 사물함 번호에는 어떤 규칙이 있을까요?

1	2	3	4	5	6	7
8	9	10	11	12	13	14
15	16	17	18	19	20	21

____

____

____

5 시계에서 규칙을 찾아 쓰세요.

____

____

6 전화기의 수 배열에는 어떤 규칙이 있는지 써 보세요.

1	2	3
4	5	6
7	8	9

규칙 ______________________________

____

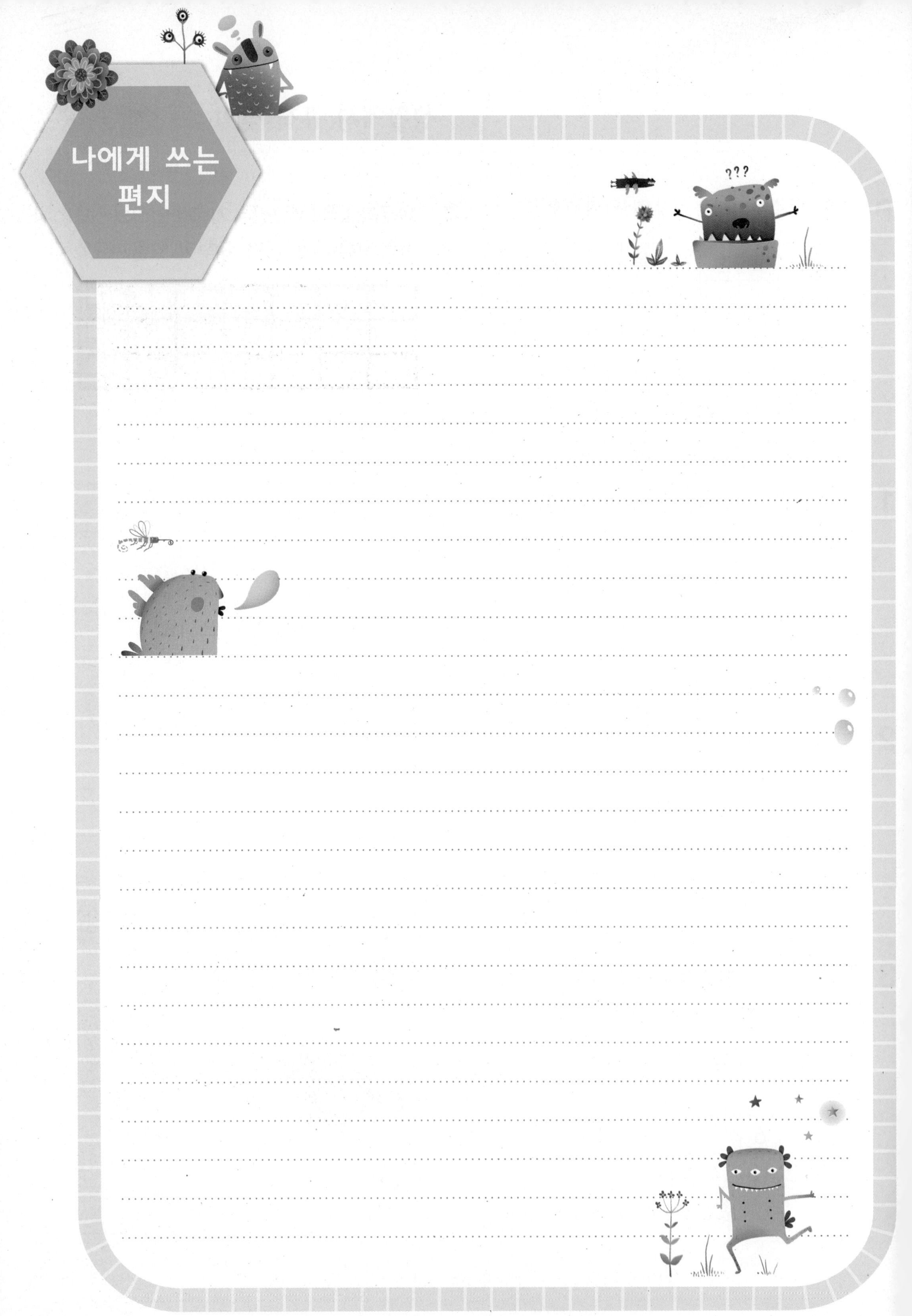
나에게 쓰는 편지
???

수학이 좋아지는
워크북

수학이 좋아지는
워크북

수학이 쉬워지는 강추수학

개념완성

정답 및 풀이

정답 및 풀이

2-2

정답 및 풀이

정답 및 풀이

개념북

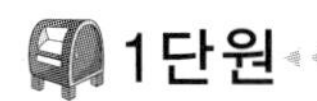

1단원

개념 1 100이 10개인 수 알아보기

개념이 쉽다 8쪽

1 200, 이백　2 1000, 천
3 (1) 400　(2) 300　(3) 200　(4) 100

1　100이 2개이면 200이고 이백이라고 읽습니다.
2　100이 10개이면 1000이고 천이라고 읽습니다.
3　(1) 600에서 4칸 더 세면 1000입니다.
　(2) 700에서 3칸 더 세면 1000입니다.
　(3) 800에서 2칸 더 세면 1000입니다.
　(4) 900에서 1칸 더 세면 1000입니다.

문제가 쉽다 9쪽

1 1000, 천　2 600, 900, 1000　3 1000
4 (1) 700　(2) 200　(3) 400　5 ㉡　6 600

1　백 모형이 10개이므로 1000을 나타냅니다. 1000은 천이라고 읽습니다.
3　900보다 100만큼 더 큰 수, 990보다 10만큼 더 큰 수, 999보다 1만큼 더 큰 수는 1000입니다.
5　㉡ 1000은 900보다 100만큼 더 큰 수입니다.
6　윤호는 400원을 가지고 있으므로 1000원이 되려면 600원이 더 있어야 합니다.

개념 2 몇천 알아보기

개념이 쉽다 10쪽

1 (1) 1000　(2) 2000　(3) 3000　(4) 4000
2 (1) 7000, 칠천　(2) 9000, 구천　3 8000

1　(1) 1000이 1개이면 1000입니다.
　(2) 1000이 2개이면 2000입니다.
　(3) 1000이 3개이면 3000입니다.
　(4) 1000이 4개이면 4000입니다.
3　천 원짜리 8장은 8000원입니다.

문제가 쉽다 11쪽

1 6000　2 4000, 사천　3 1000　4 3, 30
5　6 1000　7 6000　8 5

1　천 모형이 6개이므로 6000을 나타냅니다.
2　100이 10개이면 1000이므로 100이 40개이면 4000입니다.
5　5000 → 오천
　7000 → 칠천
　2000 → 이천
6　100이 10개인 수는 1000이므로 1000원을 나타냅니다.
7　동전은 모두 6묶음이므로 1000이 6개인 6000원을 나타냅니다.
8　5000은 1000이 5개인 수입니다.

개념 3 네 자리 수, 각 자리의 숫자는 얼마를 나타내는지 알아보기

개념이 쉽다 12쪽

1 (1) 2000, 100, 30, 4　(2) 2134　2 천, 백, 십
3 3000, 500, 70, 6

1　(2) $2000+100+30+4=2134$
3

	천	백	십	일
3576	3000	500	70	6

문제가 쉽다 13쪽

1 3, 2, 5, 7, 3257 2 육천사백구 3 팔천십이
4 5067 5 8253 6 2, 5 ; 7000, 5 7 80
8 ㉢, ㉤

1 1000이 3개이면 3000, 100이 2개이면 200, 10이 5개이면 50, 1이 7개이면 7이므로 3257입니다.
4 백의 자리 숫자를 읽지 않았으므로 백의 자리 숫자는 0입니다.
5 1000이 8개, 100이 2개, 10이 5개, 1이 3개이므로 8000+200+50+3=8253입니다.
7 각 자리의 숫자가 나타내는 수는 7 → 7000, 3 → 300, 8 → 80, 6 → 6입니다.
8 ㉠ 4130 → 30, ㉡ 3862 → 3000
㉢ 6319 → 300, ㉣ 5743 → 3
㉤ 1387 → 300, ㉥ 8437 → 30

개념 4 뛰어 세기

개념이 쉽다 14쪽

1 (1) 3214, 3215, 3217 (2) 4518, 4521
2 (1) 1447, 1457, 1467 (2) 5746, 5766, 5786
3 (1) 5300, 5400, 5600 (2) 7600, 7800, 7900
4 (1) 3500, 4500, 5500 (2) 3780, 5780, 7780

1 1씩 뛰어 세기는 일의 자리 숫자가 1씩 커집니다.
2 10씩 뛰어 세기는 십의 자리 숫자가 1씩 커집니다.
3 100씩 뛰어 세기는 백의 자리 숫자가 1씩 커집니다.
4 1000씩 뛰어 세기는 천의 자리 숫자가 1씩 커집니다.

문제가 쉽다 15쪽

1 2330, 2430, 2530 2 5230, 5240, 5250
3 100씩 4 1000씩 5 ㉠ 8300, ㉡ 7500
6 10씩 7 8442, 8242, 8142
8 (1) 5236, 5237 (2) 5580, 6580

1 백의 자리 숫자가 1씩 커집니다.
2 십의 자리 숫자가 1씩 커집니다.
3 백의 자리 숫자가 1씩 커지므로 100씩 뛰어서 센 것입니다.
4 천의 자리 숫자가 1씩 커지므로 1000씩 뛰어서 센 것입니다.
6 십의 자리 숫자가 1씩 커지므로 10씩 뛰어 세기를 한 것입니다.
7 100씩 거꾸로 뛰어 세면 백의 자리 숫자가 1씩 작아집니다.
8 (1) 일의 자리 숫자가 1씩 커지는 규칙이므로 1씩 뛰어 세기를 한 것입니다.
(2) 천의 자리 숫자가 1씩 커지는 규칙이므로 1000씩 뛰어 세기를 한 것입니다.

개념 5 어느 수가 더 큰지 알아보기

개념이 쉽다 16쪽

1 (1) $<$ (2) $>$ 2 6459
3 (1) $2145<2173$ (2) $3280>3190$

1 (1) 천 모형이 많은 오른쪽이 큰 수입니다.
(2) 십 모형이 많은 왼쪽이 큰 수입니다.
2 $6459<6470$, $6489>6470$
$6670>6470$, $8470>6470$
3 (1) ●는 ▲보다 작습니다. → ● $<$ ▲
(2) ●는 ▲보다 큽니다. → ● $>$ ▲

문제가 쉽다 17쪽

1 <　2 >　3 ㉠, ㉣　4 ㉡, ㉠, ㉣, ㉢
5 (△)(○)(　)　6 (△)(○)(　)　7 영수
8 어른

1 천의 자리 숫자가 큰 쪽이 큽니다.
2 천, 백의 자리 숫자가 같으므로 십의 자리 숫자가 큰 쪽이 큽니다.
3 천의 자리 숫자가 모두 같으므로 백의 자리 숫자가 3보다 큰 수를 찾거나, 백의 자리 숫자가 3이면 십의 자리 숫자가 2보다 큰 수를 찾습니다.
4 천, 백, 십, 일의 자리 숫자의 크기를 차례대로 비교합니다.
5 3625<4211, 4211>3874, 3625<3874
가장 큰 수는 4211이고 가장 작은 수는 3625입니다.
6 천의 자리 숫자를 비교하면 8310이 가장 큽니다. 7236과 7310의 백의 자리 숫자를 비교하면 7236이 더 작은 수입니다.
7 영수의 저금액의 천의 자리 숫자가 더 크므로 8290<9180입니다.
8 5348>5092이므로 어른이 더 많습니다.

계산이 쉽다 18쪽

1 1000　2 천　3 300　4 500　5 200
6 100　7 700　8 400

계산이 쉽다 19쪽

1 2000　2 8000　3 4　4 9　5 3000, 삼천
6 5000, 오천　7 7000, 칠천　8 8000, 팔천

계산이 쉽다 20쪽

1 2586　2 3109　3 삼천구백오십일
4 천팔십사　5 6584　6 3209　7 4, 3, 9, 6
8 7, 0, 1, 3

1 천 모형 2개, 백 모형 5개, 십 모형 8개, 일 모형 6개는 2586입니다.
2 천 모형 3개, 백 모형 1개, 일 모형 9개는 3109입니다.
5 1000이 6개 : 6000, 100이 5개 : 500,
10이 8개 : 80, 1이 4개 : 4 → 6584
6 1000이 3개 : 3000, 100이 2개 : 200,
10이 0개 : 0, 1이 9개 : 9 → 3209

계산이 쉽다 21쪽

1 (1) 8000　(2) 백, 400　(3) 1, 10　(4) 5, 5
2 백, 300 ; 300, 7　3 십, 40 ; 8000, 40
4 (1) 6000　(2) 60　(3) 600　(4) 6

계산이 쉽다 22쪽

1 5002　2 5157, 7157　3 1973
4 6550, 6650　5 5591　6 6002, 6012

1 1000씩 뛰어 세기를 하면 천의 자리 수가 1씩 커집니다.
3 백의 자리 숫자가 9인 수에서 100 뛰어 세면 백의 자리 숫자가 0이 되고, 천의 자리 숫자가 1 커집니다.

계산이 쉽다 23쪽

1 >　2 <　3 <　4 <　5 >　6 <
7 >　8 >　9 <　10 <

1 8016>7986
2 5880<6001
3 3752<3814
4 8016<8106
5 5127>5118
6 5343<5352
7 8964>8963
8 2002>2001
9 4278<4325
10 6827<6865

단원이 쉽다 24~26쪽

1 1000　2 (1) 6000 (2) 9 (3) 삼천
3 　4 ④　5 3000, 삼천
6 사천삼백오십이　7 6420　8 1528
9 4, 7, 5, 3　10 5, 5000, 7, 70　11 ④
12 5400　13 (1) 3162, 7162 (2) 9843, 9853
14 10씩　15 100씩
16 (1) 6310, 4280 (2) 5312, 6025
17 (1) > (2) <　18 4　19 7021, 칠천이십일
20 ㉢

1 백 모형 10개는 천 모형 1개와 같습니다.
4 ①, ②, ③, ⑤ 1000, ④ 800
5 100이 10개이면 1000, 100이 20개이면 2000, 100이 30개이면 3000입니다.
7 일의 자릿값은 읽지 않았으므로 0입니다.
8 1000+500+20+8=1528
9 4753=4000+700+50+3
10 5274에서 5는 천의 자리 숫자, 2는 백의 자리 숫자, 7은 십의 자리 숫자, 4는 일의 자리 숫자를 나타냅니다.
11 ① 5061 → 60　② 8602 → 600
③ 9546 → 6　④ 6001 → 6000
⑤ 4659 → 600
12 2530 → 500, 5400 → 5000
7895 → 5, 9051 → 50
13 (1) 천의 자리 숫자가 1씩 커지는 규칙이므로 1000씩 뛰어 세기를 한 것입니다.
(2) 십의 자리 숫자가 1씩 커지는 규칙이므로 10씩 뛰어 세기를 한 것입니다.
14 십의 자리 숫자가 1씩 커지므로 10씩 뛰어 세기를 한 것입니다.
15 2번 뛰어 세었더니 200이 커졌으므로 1번 뛰어 셀 때 100씩 커집니다.
17 (1) 십의 자리 숫자의 크기를 비교합니다.
(2) 천의 자리 숫자의 크기를 비교합니다.
18 4000은 1000이 4개인 수이므로 1000원짜리 4장을 내야 합니다.
19 어떤 자리의 숫자가 0이면 그 자리는 읽지 않습니다.
20 네 자리 수의 크기를 비교할 때는 천, 백, 십, 일의 자리의 순서로 숫자의 크기를 비교합니다.
→ 4601>4060>4006

2단원

개념 1 2, 5의 단 곱셈구구

개념이 쉽다 30쪽

1 (1) 14 (2) 7 (3) 7, 14
2 (1) 10, 10 (2) 15, 15 (3) 5

문제가 쉽다 31쪽

1 14 2 25 3 2
4 (1) 16 (2) 18 (3) 20 (4) 40 5 (1) 8 (2) 30
6 ㉠ 20 ㉡ 7 ㉢ 15

1 2짝씩 7켤레 → $2\times7=14$
2 5개씩 5묶음 → $5\times5=25$
3 $2 \xrightarrow{+2} 4 \xrightarrow{+2} 6 \xrightarrow{+2} 8 \xrightarrow{+2} 10$……
4 2와 5의 단 곱셈구구를 외워서 곱을 구합니다.
5 (1) $2\times4=8$
(2) $5\times6=30$
6 ㉠$=5\times4=20$
$5\times$㉡$=35$, ㉡$=7$
㉢$=5\times3=15$

개념 2 3, 6의 단 곱셈구구

개념이 쉽다 32쪽

1 (1) 6 (2) 3, 2 (3) 3, 2, 6
2 (1) 36 (2) 6, 6 (3) 6, 6, 36

문제가 쉽다 33쪽

1 6, 18 2 3, 18 3 5, 30
4 (1) 6 (2) 21 (3) 48 (4) 54
5 ㉠ 5 ㉡ 24 ㉢ 3 ㉣ 27 6 12, 18, 24
7 4, 24 8 12, 18, 24

1 3마리씩 6묶음 → $3\times6=18$
2 6개씩 3묶음 → $6\times3=18$
3 6개씩 5묶음 → $6\times5=30$
4 3과 6의 단 곱셈구구를 외워서 곱을 구합니다.
5 $3\times$㉠$=15$, ㉠$=5$,
㉡$=3\times8=24$
$3\times$㉢$=9$, ㉢$=3$
㉣$=3\times9=27$
6 6의 단 곱셈구구표입니다.
7 6씩 4번 뛴 것과 같습니다.
8 6의 단 곱셈구구에서는 곱하는 수가 1씩 커지면 곱은 6씩 커집니다.

개념 3 4, 8의 단 곱셈구구

개념이 쉽다 34쪽

1 (1) 4 (2) 4, 12 (3) 12
2 (1) 3, 24 (2) 7, 56, 8

문제가 쉽다 35쪽

1 5, 20 2 6, 24 3 4, 16
4 (1) 12 (2) 36 (3) 32 (4) 64 5 6, 48
6

1 4개씩 5묶음 → $4\times5=20$
2 4개씩 6묶음 → $4\times6=24$

3 4씩 4번 뛴 것과 같습니다.

5 사탕이 8개씩 6묶음이므로 48개입니다.

6 $4\times8=32$, $8\times5=40$, $8\times9=72$

개념 4 7, 9의 단 곱셈구구

36쪽

개념이 쉽다

1 (1) 2, 14 (2) 3, 21 (3) 5, 35 (4) 8, 56
2 (1) ㉠ 18 ㉡ 36 ㉢ 45 (2) 9 (3) 9

2 (1) ㉠ $9\times2=18$ ㉡ $9\times4=36$ ㉢ $9\times5=45$

37쪽

문제가 쉽다

1 28 2 45 3 (1) 35 (2) 42 (3) 54 (4) 81
4 18, 36, 45, 63, 72, 81
5 (1) 5, 35 (2) 4, 36 6 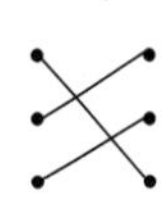

1 7개씩 4묶음 → $7\times4=28$

2 9개씩 5묶음 → $9\times5=45$

3 7과 9의 단 곱셈구구를 외워서 곱을 구합니다.

4 $9\times2=18$, $9\times4=36$, $9\times5=45$, $9\times7=63$, $9\times8=72$, $9\times9=81$

5 (1) 7씩 5번 뛴 것과 같습니다.
(2) 9씩 4번 뛴 것과 같습니다.

6 $7\times5=35$
$9\times3=27$
$9\times8=72$

38쪽

계산이 쉽다

1 10 2 16 3 2 4 7 5 5 6 15 7 4
8 9 9 5, 10 10 3, 15

1 2의 단 곱셈구구를 외워서 곱을 구합니다.

3 2의 단 곱셈구구를 외워서 곱하는 수를 구합니다.

5 5의 단 곱셈구구를 외워서 곱을 구합니다.

7 5의 단 곱셈구구를 외워서 곱하는 수를 구합니다.

9 2개씩 5접시 → $2\times5=10$

10 5개씩 3묶음 → $5\times3=15$

39쪽

계산이 쉽다

1 6 2 15 3 4 4 7 5 12 6 30 7 8
8 9 9 3, 9 10 6, 18

1 3의 단 곱셈구구를 외워서 곱을 구합니다.

3 3의 단 곱셈구구를 외워서 곱하는 수를 구합니다.

9 3마리씩 3묶음 → $3\times3=9$

10 3송이씩 6묶음 → $3\times6=18$

40쪽

계산이 쉽다

1 8 2 20 3 24 4 7 5 9 6 4
7 4, 16 8 6, 24 9 3, 12 10 8, 32

9 4마리씩 3묶음 → $4\times3=12$

10 4송이씩 8묶음 → $4\times8=32$

41쪽

계산이 쉽다

1 16 2 40 3 56 4 9 5 4 6 6
7 4, 32 8 3, 24 9 7, 56 10 8, 64

4 8의 단 곱셈구구를 외워서 곱하는 수를 구합니다.

7 8개씩 4묶음 → 8×4=32

8 8개씩 3묶음 → 8×3=24

계산이 쉽다 42쪽

1 28 2 49 3 42 4 9 5 2 6 5
7 3, 21 8 8, 56 9 2, 14 10 4, 28

4 7의 단 곱셈구구를 외워서 곱하는 수를 구합니다.

7 7개씩 3묶음 → 7×3=21

8 7개씩 8줄 → 7×8=56

9 7개씩 2묶음 → 7×2=14

10 7개씩 4묶음 → 7×4=28

계산이 쉽다 43쪽

1 18 2 63 3 54 4 5 5 8 6 9
7 3, 27 8 4, 36 9 6, 54 10 7, 63

7 9개씩 3묶음 → 9×3=27

8 9개씩 4줄 → 9×4=36

9 9개씩 6묶음 → 9×6=54

10 9개씩 7묶음 → 9×7=63

개념 5 1의 단 곱셈구구, 0의 곱 알아보기

개념이 쉽다 44쪽

1 (1) 2 (2) 4, 4 (3) 0 2 (1) 0 (2) 3 (3) 0

문제가 쉽다 45쪽

1 7 2 0, 0 3 2, 3, 4, 5, 6, 7, 8, 9
4 (1) 9 (2) 0 5 (1) 6 (2) 0
6 ㉠ 4 ㉡ 5 ㉢ 8 ㉣ 9 7 ㉡, ㉣, ㉤

1 1송이씩 7개 → 1×7=7(송이)

2 0송이씩 5개 → 0×5=0(송이)

3 1×(어떤 수)=(어떤 수)

4 (1) 6×1=6
(2) 0×3=0

6 ㉠ 1×4=4 ㉡ 1×5=5
㉢ 1×8=8 ㉣ 1×9=9

7 ㉠ 0×3=0 ㉢ 4×0=0 ㉥ 5×1=5

개념 6 곱셈표 만들기

개념이 쉽다 46쪽

1 (1) 풀이 참조 (2) 예 7씩 커집니다.
2 (1) 15 (2) 15

1 (1)

×	1	2	3	4	5	6	7	8	9
5	5	10	15	20	25	30	35	40	45
6	6	12	18	24	30	36	42	48	54
7	7	14	21	28	35	42	49	56	63
8	8	16	24	32	40	48	56	64	72
9	9	18	27	36	45	54	63	72	81

5, 6, 7, 8, 9의 단 곱셈구구를 외워서 곱을 구합니다.

2 곱하는 두 수를 서로 바꾸어 곱해도 그 곱은 같습니다.

문제가 쉽다 47쪽

1 풀이 참조 2 예 4씩 커집니다. 3 풀이 참조
4 5×4 5~7 풀이 참조 8 ㉡, ㉤

1

×	1	2	3	4	5	6	7	8
2	2	4	6	8	10	12	14	16
3	3	6	9	12	15	18	21	24
4	4	8	12	16	20	24	28	32
5	5	10	15	20	25	30	35	40
6	6	12	18	24	30	36	42	48

▲의 단 곱셈구구에서는 곱하는 수가 1씩 커지면 곱은 ▲씩 커집니다.

2 $4 \xrightarrow{+4} 8 \xrightarrow{+4} 12 \xrightarrow{+4} 16 \xrightarrow{+4} 20 \xrightarrow{+4} 24 \xrightarrow{+4} 28 \xrightarrow{+4} 32$

3

×	1	2	3	4	5	6	7	8
2	2	4	6	8	10	12	14	16
3	3	6	9	12	15	18	21	24
4	4	8	12	16	20	24	28	32
5	5	10	15	20	25	30	35	40
6	6	12	18	24	30	36	42	48

3×6=18과 6×3=18은 곱이 서로 같습니다.

4 곱셈에서 곱하는 두 수를 서로 바꾸어 곱해도 그 곱은 같습니다.

5

×	1	2	3
7	7	14	21
8	8	16	24
9	9	18	27

6

×	6	7	8	9
4	24	28	32	36
5	30	35	40	45
6	36	42	48	54

7

×	3	4	5	6
2	6	8	10	12
3	9	12	15	18
4	12	16	20	24
5	15	20	25	30

8 ㉠ 18 ㉡ 12 ㉢ 20 ㉣ 16 ㉤ 12 ㉥ 21

개념 7 곱셈구구로 문제 해결하기

48쪽

개념이 쉽다

1 4, 2, 8　2 4, 4, 16　3 4, 6, 24
4 8, 5, 40

1 4개씩 2접시 → 4×2=8(개)
2 4개씩 4접시 → 4×4=16(개)
3 4개씩 6접시 → 4×6=24(개)

49쪽

문제가 쉽다

1 5, 20　2 8, 24　3 6, 6, 36　4 5, 7, 35
5 48　6 9

1 4개씩 5봉지 → 4×5=20(개)
2 3개씩 8접시 → 3×8=24(개)
3 6개씩 6상자 → 6×6=36(개)
4 5개씩 7바구니 → 5×7=35(개)
5 6×8=48(개)
6 한 상자에 담긴 과자의 개수를 □라 하면
□×4=36, □=9(개)

50쪽

계산이 쉽다

1 2　2 9　3 4　4 6　5 1　6 1　7 0
8 0　9 0　10 0　11 0　12 0

1 1×(어떤 수)=(어떤 수)
3 (어떤 수)×1=(어떤 수)
9 (어떤 수)×0=0

계산이 쉽다 51쪽

1~6 풀이 참조　7 (1) 풀이 참조 (2) =

1

×	6	7
1	6	7
2	12	14

2

×	3	4
4	12	16
5	15	20

3

×	5	6	7
2	10	12	14
3	15	18	21
4	20	24	28

4

×	1	2	3
7	7	14	21
8	8	16	24
9	9	18	27

5

×	2	3	4	5
3	6	9	12	15
4	8	12	16	20
5	10	15	20	25
6	12	18	24	30

6

×	4	5	6	7
6	24	30	36	42
7	28	35	42	49
8	32	40	48	56
9	36	45	54	63

7 (1)

×	1	2	3	4
1	1	2	3	4
2	2	4	⑥	8
3	3	⑥	9	12
4	4	8	12	16

계산이 쉽다 52쪽

1 20　2 40　3 7×4=28, 28
4 3×6=18, 18

1 5개씩 4상자 → 5×4=20(개)
2 5개씩 8상자 → 5×8=40(개)
3 7개씩 4층 → 7×4=28(개)
4 3개씩 6대 → 3×6=18(개)

계산이 쉽다 53쪽

1 5×7=35, 35　2 5　3 8　4 4　5 아버지

1 타일은 한 줄에 5개씩 7줄이므로 모두 5×7=35(장)입니다.
2 0점 2개, 1점 2개, 3점 1개이므로 0×2=0(점), 1×2=2(점), 3×1=3(점)을 더하면 0+2+3=5(점)입니다.
3 4×2=8, 1×0=0이므로 아버지는 8점입니다.
4 2×2=4, 3×0=0이므로 현수는 4점입니다.
5 아버지는 8점, 현수는 4점이므로 아버지가 이겼습니다.

단원이 쉽다 54~56쪽

1 6, 10, 16
2 (1) 6, 8, 10, 12 (2) 10, 25, 30, 40, 45
3 (1) 18 (2) 16 (3) 40 (4) 35　4 3, 15
5 5, 30　6 ㉠ 12 ㉡ 21 ㉢ 6
7 4×5=20, 20
8 (1) 14, 28, 35, 49, 63 (2) 27, 36, 54, 63, 72
9 <　10 　11 ㉠ 45 ㉡ 40 ㉢ 36
12 ㉠ 63 ㉡ 18 ㉢ 54 ㉣ 21　13 풀이 참조
14 (1) 3 (2) 0　15 풀이 참조　16 (1) 5 (2) 9
17 ㉡　18 30　19 ㉢　20 6×6=36, 36

1 $2\times3=6$, $2\times5=10$, $2\times8=16$

2 (2) $5\times2=10$, $5\times5=25$, $5\times6=30$, $5\times8=40$, $5\times9=45$

3 2와 5의 단 곱셈구구를 외워서 곱을 구합니다.

4 3칸씩 5번 뛴 수 → $3\times5=15$

5 6개씩 5묶음 → $6\times5=30$

6 3의 단 곱셈구구를 외워 봅니다.

7 접시 한 개에 사과가 4개씩 담겨 있으므로 사과는 모두 $4\times5=20$(개)입니다.

9 $8\times3=24$, $7\times5=35$

10 $6\times3=18$, $6\times2=12$, $6\times4=24$
$3\times8=24$, $2\times9=18$, $4\times3=12$

11 ㉠ $5\times9=45$, ㉡ $8\times5=40$, ㉢ $4\times9=36$

12 ㉠ $9\times7=63$, ㉡ $6\times3=18$
㉢ $9\times6=54$, ㉣ $7\times3=21$

13

×	0	1
2	0	2
3	0	3
5	0	5
8	0	8

(어떤 수)×0=0
(어떤 수)×1=(어떤 수)

14 (1) ▲×■=■×▲
(2) ▲×0=0×■=0

15

×	4	5	6	7	8
2	8	10	12	14	16
7	28	35	42	49	56
8	32	40	48	56	64
9	36	45	54	63	72

16 곱셈에서 곱하는 두 수를 서로 바꾸어 곱해도 그 곱은 같습니다.

17 $4\times6=24$이므로 곱이 24인 곱셈을 찾습니다.

18 5개씩 6송이 → $5\times6=30$(개)

19 ㉠ $7\times2=14$, ㉡ $6\times4=24$, ㉣ $8\times6=48$

20 6명씩 6개 → $6\times6=36$(명)

3단원

개념 1 cm보다 더 큰 단위, 자로 길이 재어 보기

60쪽

개념이 쉽다

1 (1) 40 (2) 1, 40 (3) 1, 40
2 (1) 100 (2) 100 (3) 1

61쪽

문제가 쉽다

1 (1) 300 (2) 500 (3) 9
2 (1) 200, 2, 2, 30 (2) 6, 600, 672 3 10
4 (1) 4미터 (2) 2미터 85센티미터 5 ( )(○)
6 윤주

1 1 m=100 cm임을 이용하여 주어진 단위로 고칩니다.

2 (1) 230 cm=200 cm+30 cm로 생각하여 200 cm를 2 m로 고칩니다.
(2) 6 m 72 cm=6 m+72 cm로 생각하여 6 m를 600 cm로 고칩니다.

3 1 m=100 cm이므로 1 m는 10 cm씩 10번 잰 길이와 같습니다.

4 길이를 읽을 때에는 숫자를 먼저 읽고, 단위를 읽습니다.

5 1 m보다 긴 물건의 길이는 줄자와 같이 긴 자로 재는 것이 알맞습니다.

6 길이를 비교해 보면 윤주가 더 길게 이었습니다.

개념 2 길이의 합 구하기

62쪽

개념이 쉽다

1 (1) 80 (2) 4 (3) 4, 80
2 (1) 80 ; 6, 80 (2) 55 ; 7, 55

문제가 쉽다 63쪽

1 3, 90, 3, 90 2 8, 86
3 (1) 7, 69 (2) 6, 62
4 (1) 6, 70 (2) 5, 80 (3) 8, 61 (4) 7, 96
5 7, 91

1 m는 m끼리, cm는 cm끼리 더합니다.

3 (1) 3 m 52 cm+4 m 17 cm
=(3 m+4 m)+(52 cm+17 cm)
=7 m 69 cm

(2) 5 m 38 cm+1 m 24 cm
=(5 m+1 m)+(38 cm+24 cm)
=6 m 62 cm

5 4 m 56 cm+3 m 35 cm
=(4 m+3 m)+(56 cm+35 cm)
=7 m 91 cm

개념 3 길이의 차 구하기

개념이 쉽다 64쪽

1 (1) 40 (2) 1 (3) 1, 40
2 (1) 30 ; 5, 30 (2) 14 ; 4, 14

문제가 쉽다 65쪽

1 2, 60 2 (1) 2, 22 (2) 5, 14 3 2, 31
4 (1) 3, 12 (2) 4, 32 5 6, 40 6 2, 21

1 m는 m끼리, cm는 cm끼리 뺍니다.

3 7 m 85 cm−5 m 54 cm
=(7 m−5 m)+(85 cm−54 cm)
=2 m 31 cm

4 (1) 7 m−4 m=3 m,
58 cm−46 cm=12 cm
(2) 6 m−2 m=4 m,
57 cm−25 cm=32 cm

5 9 m 80 cm−3 m 40 cm=6 m 40 cm

6 5 m 75 cm−3 m 54 cm
=(5 m−3 m)+(75 cm−54 cm)
=2 m 21 cm

개념 4 길이 어림하기

개념이 쉽다 66쪽

1 (1) ㉢ (2) ㉠ 2 (1) 30 (2) 120 (3) 4

2 30+30+30+30=120이므로 색 테이프는 소율이의 한 걸음의 길이의 4배 정도 되게 자르면 됩니다.

문제가 쉽다 67쪽

1 (1) ㉠ (2) ㉡ 2 ㉠, ㉣ 3 90 4 ㉡, ㉢
5 (1) 10 (2) 10, 10, 20 6 4

3 15+15+15+15+15+15=90(cm)

6 40+40+……+40=400(cm) → 4 m
(40을 10번)

계산이 쉽다 68쪽

1 1 2 2 3 400 4 600 5 1, 60
6 3, 70 7 245 8 508 9 6 미터
10 3 미터 20 센티미터 11 5 미터 40 센티미터
12 8 미터 90 센티미터

1 100 cm는 1 m와 같습니다.

2 200 cm는 100 cm의 2배
→ 1 m의 2배 → 2 m

3 4 m는 1 m의 4배
→ 100 cm의 4배 → 400 cm

4 6 m는 1 m의 6배
→ 100 cm의 6배 → 600 cm

5 160 cm=100 cm+60 cm
=1 m+60 cm
=1 m 60 cm

6 370 cm=300 cm+70 cm
=3 m+70 cm
=3 m 70 cm

7 2 m 45 cm=2 m+45 cm
=200 cm+45 cm
=245 cm

8 5 m 8 cm=5 m+8 cm
=500 cm+8 cm
=508 cm

9 길이를 읽을 때에는 숫자를 먼저 읽고, 단위를 읽습니다.

계산이 쉽다 69쪽

1 7, 79　2 6, 57　3 3, 55, 5, 89, 5, 89
4 4, 64, 7, 76, 7, 76　5 8, 89　6 9, 35
7 4, 58　8 7, 78

1 4 m 31 cm+3 m 48 cm
=(4 m+3 m)+(31 cm+48 cm)
=7 m+79 cm=7 m 79 cm

2 2 m 42 cm+4 m 15 cm
=(2 m+4 m)+(42 cm+15 cm)
=6 m+57 cm=6 m 57 cm

5

	2 m	52 cm
+	6 m	37 cm
	8 m	89 cm

6

	4 m	21 cm
+	5 m	14 cm
	9 m	35 cm

7 1 m 48 cm+3 m 10 cm
=(1 m+3 m)+(48 cm+10 cm)
=4 m+58 cm=4 m 58 cm

8 2 m 33 cm+5 m 45 cm
=(2 m+5 m)+(33 cm+45 cm)
=7 m+78 cm=7 m 78 cm

계산이 쉽다 70쪽

1 6, 37　2 4, 64　3 4, 15, 4, 53, 4, 53
4 1, 43, 3, 20, 3, 20　5 3, 31　6 2, 31
7 2, 42　8 3, 43

1 8 m 79 cm−2 m 42 cm
=(8 m−2 m)+(79 cm−42 cm)
=6 m+37 cm=6 m 37 cm

2 9 m 84 cm−5 m 20 cm
=(9 m−5 m)+(84 cm−20 cm)
=4 m+64 cm=4 m 64 cm

3

	8 m	68 cm
−	4 m	15 cm
	4 m	53 cm

4

	4 m	43 cm
−	1 m	23 cm
	3 m	20 cm

5

	5 m	48 cm
−	2 m	17 cm
	3 m	31 cm

6

	3 m	74 cm
−	1 m	43 cm
	2 m	31 cm

7 6 m 75 cm−4 m 33 cm
=(6 m−4 m)+(75 cm−33 cm)
=2 m 42 cm

8 9 m 85 cm−6 m 42 cm
=(9 m−6 m)+(85 cm−42 cm)
=3 m 43 cm

계산이 쉽다 71쪽

1 예 ㅁ 2 예 ㄷ 3 ㅁ 4 ㄱ

1 ㄹ과 ㅁ으로 잴 수 있습니다.
2 ㄴ, ㄷ, ㅂ으로 잴 수 있습니다.

단원이 쉽다 72~74쪽

1 1 m, 1미터 2 (1) 3 (2) 500 (3) 700
3 (1) 3, 85 (2) 706 (3) 215 4 ㄱ (○) 5 ㄴ
6 ㄴ, ㄱ, ㄷ, ㄹ 7 125 8 ㄹ 9 778
10 9, 66 11 5, 65 12 (1) 3, 30 (2) 5, 22
13 511 14 > 15 3
16 (1) 450 cm (2) 120 cm 17 75 18 7, 79
19 혜미 20 14

1 100 cm는 1 m이고 1 m는 1미터라고 읽습니다.
2 (1) 100 cm=1 m이므로 100 cm의 몇 배인지 생각하여 m로 고칩니다.
3 (1) 385 cm=300 cm+85 cm
=3 m+85 cm=3 m 85 cm
(2) 7 m 6 cm=7 m+6 cm
=700 cm+6 cm=706 cm
(3) 2 m 15 cm=2 m+15 cm
=200 cm+15 cm
=215 cm
4 ㄴ 3 m 10 cm=310 cm
5 단위를 같게 한 후에 길이를 비교합니다.
ㄱ 2 m 5 cm=205 cm,
ㄹ 2 m 10 cm=210 cm
→ ㄴ>ㄹ>ㄱ>ㄷ
6 ㄱ 2 m 50 cm=250 cm
ㄹ 3 m 30 cm=330 cm
7 1 m 25 cm=1 m+25 cm
=100 cm+25 cm=125 cm
9 2 m 35 cm+5 m 43 cm=7 m 78 cm
=778 cm
10 m는 m끼리, cm는 cm끼리 더합니다.
11 3 m 40 cm+225 cm
=3 m 40 cm+2 m 25 cm=5 m 65 cm
12 (1) 5 m 89 cm−2 m 59 cm
=(5 m−2 m)+(89 cm−59 cm)
=3 m 30 cm
13 278 cm=2 m 78 cm이므로
7 m 89 cm−278 cm
=7 m 89 cm−2 m 78 cm
=5 m 11 cm=511 cm
14 898 cm=8 m 98 cm,
545 cm=5 m 45 cm
898 cm−545 cm
=8 m 98 cm−5 m 45 cm=3 m 53 cm
→ 3 m 53 cm>2 m 64 cm
15 기린의 키는 사슴의 키의 약 3배이므로 사슴의 키는 약 3 m입니다.
17 15+15+15+15+15=75(cm)
18
```
   3 m  23 cm
+  4 m  56 cm
--------------
   7 m  79 cm
```
19 8 m 43 cm=843 cm
→ 843 cm>805 cm
20 (수진이와 지수의 줄넘기 길이의 차)
=1 m 67 cm−153 cm
=1 m 67 cm−1 m 53 cm
=(1 m−1 m)+(67 cm−53 cm)=14 cm

4단원

개념 1 몇 시 몇 분을 알기 (1)

개념이 쉽다 78쪽

1 풀이 참조 ; 40　2 (1) 4, 3　(2) 25　(3) 3, 25

1
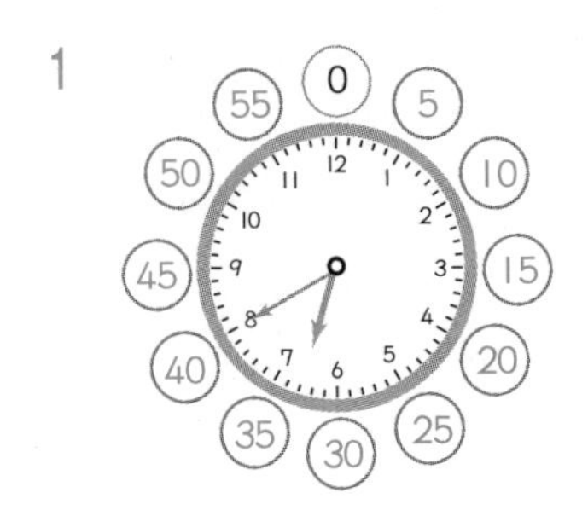

문제가 쉽다 79쪽

1 (1) 4　(2) 35　2 ㉠ (○)　3 우현　4 ①
5 7, 35　6 2, 15

1 숫자 하나마다 5분씩 뛰어서 읽습니다.
2 아직 10시가 안 된 시각입니다. 가까운 수를 읽지 않도록 하고, 지나온 수를 읽습니다.
3 긴바늘이 숫자 6을 가리키면 30분이라고 읽습니다.
4 짧은바늘 : 숫자 6과 7 사이 → 6시
긴바늘 : 숫자 11 → 55분
5 짧은바늘이 숫자 7과 8 사이를 가리키고, 긴바늘이 숫자 7을 가리키므로 7시 35분입니다.
6 짧은바늘이 숫자 2와 3 사이를 가리키고, 긴바늘이 숫자 3을 가리키므로 2시 15분입니다.

개념 2 몇 시 몇 분을 알기 (2)

개념이 쉽다 80쪽

1 (1) 8, 9, 8　(2) 2, 3, 13　(3) 8, 13
2 (1) 2, 3　(2) 2　(3) 풀이 참조

2 (3)
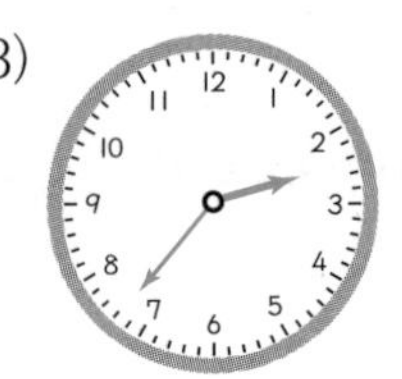

문제가 쉽다 81쪽

1 분에 ○표　2 (1) 30　(2) 2　(3) 32　3 6, 9
4 ㉡　5~6 풀이 참조

1 시계에서 긴바늘이 가리키는 작은 눈금 한 칸은 1분을 나타냅니다.
2 시계의 긴바늘이 숫자 6에서 2칸을 더 갔으므로 32분입니다.
3 시계의 짧은바늘이 6과 7 사이이므로 6시 몇 분입니다. 긴바늘이 숫자 1에서 작은 눈금 4칸을 더 간 곳을 가리키므로 9분입니다.
→ 6시 9분
4 22분은 긴바늘이 숫자 4에서 작은 눈금 2칸을 더 간 곳을 가리킵니다.
5

16분은 긴바늘이 숫자 3에서 작은 눈금 1칸을 더 간 곳을 가리키게 그립니다.
6

27분은 긴바늘이 숫자 5에서 작은 눈금 2칸을 더 간 곳을 가리키게 그립니다.

개념 3 여러 가지 방법으로 시각 읽기, 1시간 알기

개념이 쉽다 82쪽

1 (1) 7, 45　(2) 8, 15　2 (1) 7, 7, 50　(2) 50

1 (1) 긴바늘이 숫자 9를 가리키므로 45분입니다.
(2) 15분 더 지나면 8시이므로 8시 15분 전입니다.

2 오전 11시 →(1시간) 낮 12시 →(4시간) 오후 4시

문제가 쉽다 83쪽

1 (1) 10 (2) 11, 56 2 풀이 참조
3 1, 40 ; 2, 20 4 풀이 참조 5 80
6 (1) 1, 20 (2) 165

1 (1) 1시 50분에서 2시가 되려면 10분이 지나야 하므로 2시 10분 전입니다.

2 (1)

7시 15분 전 → 6시 45분

(2)
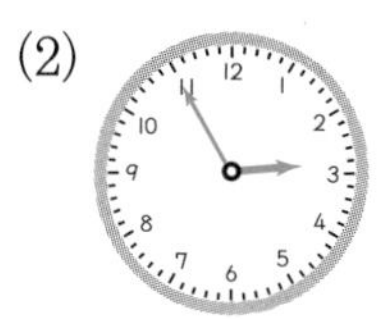
3시 5분 전 → 2시 55분

3 시계가 나타내는 시각은 1시 40분입니다.
20분 후면 2시이므로 2시 20분 전이라고도 합니다.

4 2시 10분 20분 30분 40분 50분 3시 10분 20분 30분 40분 50분 4시
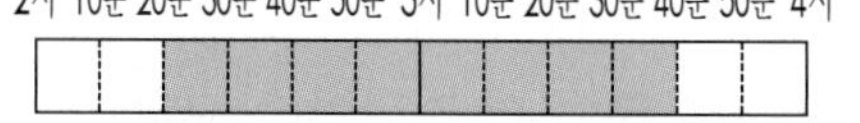
2시 20분부터 3시 40분까지 모두 8칸을 색칠합니다.

5 1시간 20분=60분+20분=80분

6 (1) 80분=60분+20분=1시간 20분
(2) 2시간 45분=1시간+1시간+45분
=60분+60분+45분=165분

개념 4 하루의 시간 알기

개념이 쉽다 84쪽

1 (1) 오전 (2) 오후 (3) 12 2 (1) 11 (2) 4 (3) 5

문제가 쉽다 85쪽

1 오전에 ○표, 오후에 ○표 2 1, 14 3 8
4 (1) 24, 31 (2) 1, 4 (3) 52 (4) 1, 9
5 오전, 7, 40 6 (○)
( )

1 아침은 오전이고, 저녁은 오후입니다.

2 14칸을 색칠했으므로 14시간입니다.

3 (1) 1일=24시간이므로
24시간+7시간=31시간입니다.
(2) 28시간은 24시간과 4시간으로 나누어 생각합니다.
28시간=24시간+4시간=1일 4시간
(3) 2일 4시간=48시간+4시간=52시간
(4) 33시간=24시간+9시간=1일 9시간

5 아침에 일어났으므로 오전이라고 읽습니다.

6 3일=24시간+24시간+24시간=72시간

개념 5 달력 알기

개념이 쉽다 86쪽

1 (1) 7 (2) 화, 금 (3) 20
2 (1) 4 (2) 7 (3) 2 (4) 18 (5) 1, 5

1 1주일은 7일이므로 13일에서 1주일 후는 13+7=20(일)입니다.

2 (1) 한 달이 30일인 달 : 4월, 6월, 9월, 11월
(2) 한 달이 31일인 달 : 1월, 3월, 5월, 7월, 8월, 10월, 12월
(3) 2월은 날수가 28일 또는 29일입니다.

(4) 1년 6개월=12개월+6개월=18개월

(5) 17개월=12개월+5개월=1년 5개월

87쪽

문제가 쉽다

1 5일, 12일, 19일, 26일　2 목요일　3 26
4 금요일　5 62　6 (1) 14 (2) 1, 10
7 2, 3　8 29

1 월요일 아래에 있는 날을 모두 씁니다.
2 달력에서 29일 위에 있는 요일을 읽습니다.
3 1주일은 7일이므로 19일에서 7일 후는 26일입니다.
4 7+16=23(일)이므로 금요일입니다.
5 7월 : 31일, 8월 : 31일
→31일+31일=62일
6 (1) 1년 2개월=12개월+2개월=14개월
(2) 22개월=12개월+10개월=1년 10개월
7 27개월=12개월+12개월+3개월
=2년 3개월
8 2년 5개월=12개월+12개월+5개월=29개월

88쪽

계산이 쉽다

1 (1) 7 (2) 20 (3) 7, 20　2 8, 25　3 2, 50
4~7 풀이 참조

1 짧은바늘은 '시'를 나타내고, 긴바늘은 '분'을 나타냅니다.
2 긴바늘이 가리키는 숫자 5는 25분을 나타냅니다.
3 긴바늘이 가리키는 숫자 10은 50분을 나타냅니다.
4 긴바늘이 숫자 4를 가리키게 그립니다.
5 긴바늘이 숫자 11을 가리키게 그립니다.
6 긴바늘이 숫자 7(35분)에서 작은 눈금 2칸 더 간 곳을 가리키게 그립니다.
7 
긴바늘이 숫자 2(10분)에서 작은 눈금 3칸 더 간 곳을 가리키게 그립니다.

89쪽

계산이 쉽다

1 10, 45　2 15　3 5, 5　4 2, 11
5 1, 60, 110　6 120, 2, 2, 10

1 짧은바늘이 숫자 10과 11 사이에 있고, 긴바늘이 숫자 9를 가리키므로 10시 45분입니다.
2 10시 45분은 11시가 되려면 15분이 더 지나야 하므로 11시 15분 전입니다.
3 5시가 되려면 5분이 더 지나야 합니다.
4 2시가 되려면 11분이 더 지나야 합니다.
5 1시간=60분이므로
1시간 50분=60분+50분=110분
6 130분=120분+10분
=60분+60분+10분=2시간 10분

90쪽

계산이 쉽다

1 12　2 24　3 오전　4 오후　5 6
6 오후　7 15

2 1일=24시간입니다.

3 하루는 오전과 오후로 나누어지고, 전날 밤 12시부터 낮 12시까지를 오전이라고 합니다.

4 낮 12시부터 밤 12시까지를 오후라고 합니다.

5 전날 밤 12시부터 낮 12시까지는 오전입니다.

6 낮 12시부터 밤 12시까지는 오후입니다.

7 오전 6시에서 15칸을 간 곳이 오후 9시이므로 15시간입니다.

계산이 쉽다 91쪽

1 7 2 1, 5 3 21 4 3, 4 5 35 6 4, 2
7 15 8 1, 8 9 29 10 2, 10

1 1주일=7일

2 12일=7일+5일=1주일 5일

3 3주일=7일+7일+7일=21일

4 25일=21일+4일=3주일 4일

7 1년=12개월이므로
1년 3개월=12개월+3개월=15개월

8 20개월=12개월+8개월=1년 8개월

9 2년 5개월=12개월+12개월+5개월
=29개월

10 34개월=12개월+12개월+10개월
=2년 10개월

단원이 쉽다 92~94쪽

1 7, 5 2 11 3 15, 20, 25; 30, 35, 40
4 풀이 참조 5 풀이 참조 ; 8, 52 6 10, 5
7 5, 57; 6, 3 8 (1) 1, 35 (2) 100
9 풀이 참조 ; 1, 30 10 6, 7
11 (1) 1, 15 (2) 58 12 풀이 참조
13 (1) 18 (2) 28 14 일요일 15 11 16 4
17 61 18 풀이 참조 19 8 20 38

1 짧은바늘이 7과 8 사이를 가리키므로 7시이고, 긴바늘이 1을 가리키므로 5분입니다.

2 작은 눈금 1칸은 1분이므로 6칸은 6분입니다.
→5분+6분=11분

3 숫자 눈금 1칸을 갈 때마다 5분씩 커집니다.

4 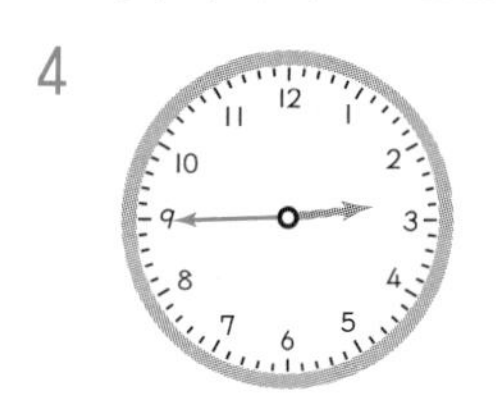
45분은 긴바늘이 숫자 9를 가리키게 그립니다.

5 
짧은바늘이 숫자 8과 9 사이를 가리키고 긴 바늘이 숫자 10에서 작은 눈금 2칸 더 간 곳을 가리키게 그립니다.

6 9시 55분은 10시에서 5분 모자란 시각입니다.

7 시계가 나타내는 시각은 5시 57분이고, 3분 더 지나면 6시이므로 6시 3분 전입니다.

8 (1) 95분=60분+35분=1시간 35분
(2) 1시간 40분=60분+40분=100분

9 3시 10분 20분 30분 40분 50분 4시 10분 20분 30분 40분 50분 5시

10 127분=2시간 7분
4시 —2시간 7분 후→ 6시 7분

11 (1) 39시간=24시간+15시간=1일 15시간
(2) 2일 10시간=24시간+24시간+10시간
=58시간

12 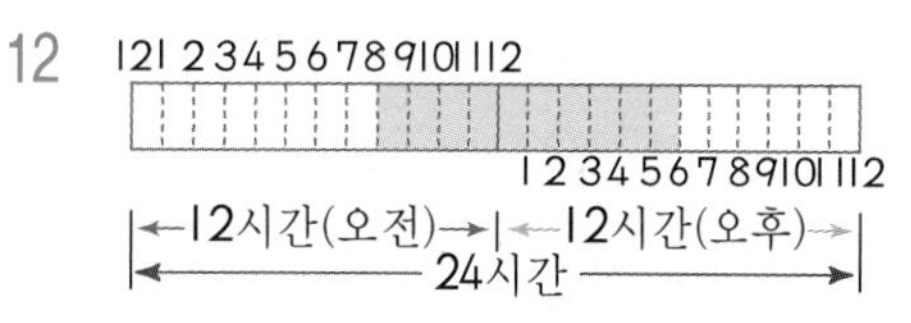

오전 8시부터 오후 6시까지 색칠합니다.

13 (1) 2주일 4일=7일+7일+4일=18일
(2) 2년 4개월=12개월+12개월+4개월
=28개월

14 8의 위쪽에 '일'이라고 쓰여 있으므로 일요일입니다.

15 달력에서 '수'의 아래 두 번째에 있는 날은 11일입니다.

16 1일이 수요일이므로 5일은 일요일입니다.
따라서 일요일은 5일, 12일, 19일, 26일이므로 등산을 4번 할 수 있습니다.

17 5월 : 31일, 6월 : 30일 → 31+30=61(일)

18 

짧은 바늘은 3과 4 사이를 가리키게 그리고 긴바늘은 숫자 6에서 작은 눈금 4칸을 더 간 곳을 가리키도록 그립니다.

19 오후 10시 $\xrightarrow{\text{2시간 후}}$ 밤 12시 $\xrightarrow{\text{6시간 후}}$ 오전 6시

20 3년 2개월=12개월+12개월+12개월+2개월
=38개월

5단원

개념 1 표로 나타내기

개념이 쉽다 98쪽

1 (1) 5 (2) 4 (3) 3 (4) 3
2 (1) 卌, ////, /// (2) 5, 4, 3, 12

문제가 쉽다 99쪽

1 축구 2 卌//, //, ////, //
3 7, 2, 4, 2, 15 4 O형 5 3, 3, 2, 4, 12
6 3, 2, 4, 1, 10

1 명수가 좋아하는 운동은 축구입니다.
3 운동별로 좋아하는 학생 수를 빠뜨리지 않고 꼼꼼히 셉니다.

개념 2 그래프로 나타내기

개념이 쉽다 100쪽

1 (1) 개수 (2) 6, 6 2 풀이 참조

2 종류별 학용품의 개수

6			○	
5	○		○	
4	○	○	○	
3	○	○	○	○
2	○	○	○	○
1	○	○	○	○
개수(개) / 학용품	공책	연필	지우개	자

문제가 쉽다 101쪽

1 풀이 참조 2 악기, 학생 수 3 피아노
4 기타 5 풀이 참조 6 월요일 7 금요일
8 20

1 좋아하는 악기별 학생 수

7	○			
6	○		○	
5	○	○	○	
4	○	○	○	
3	○	○	○	○
2	○	○	○	○
1	○	○	○	○
학생 수(명) / 악기	피아노	바이올린	리코더	기타

5 요일별 책을 빌려 간 학생 수

6	○				
5	○			○	
4	○	○		○	
3	○	○	○	○	
2	○	○	○	○	○
1	○	○	○	○	○
학생 수(명) / 요일	월	화	수	목	금

표를 보고 각 요일별 학생 수만큼 그래프에 ○를 사용하여 나타냅니다.

6 ○의 개수가 가장 많은 요일은 월요일입니다.

7 ○의 개수가 가장 적은 요일은 금요일입니다.

8 $6+4+3+5+2=20$(명)

개념 3 표와 그래프의 내용 알고 나타내기

개념이 쉽다 102쪽

1 (1) 2 (2) 3 (3) 14 2 풀이 참조 3 가을

2 좋아하는 계절별 학생 수

5			○	
4	○		○	
3	○		○	○
2	○	○	○	○
1	○	○	○	○
학생 수(명) / 계절	봄	여름	가을	겨울

문제가 쉽다 103쪽

1 3, 4, 2 2 풀이 참조 3 현일 4 4
5 풀이 참조 6 사자 7 그래프

1 이름별로 ○의 개수를 세어 표에 씁니다.

2 과녁맞히기 성적

4		△	
3	△	△	
2	△	△	△
1	△	△	△
맞힌 횟수(번) / 이름	수민	현일	태수

맞힌 횟수만큼 빈칸에 △표를 합니다.

3 그래프에서 △의 높이를 보면 쉽게 알 수 있습니다.

4 $15-6-3-2=4$(명)

5 좋아하는 동물별 학생 수

6	△			
5	△			
4	△			△
3	△	△		△
2	△	△	△	△
1	△	△	△	△
학생 수(명) / 동물	사자	곰	원숭이	토끼

7 가장 많은 학생들이 좋아하는 동물을 한눈에 알아보기에 그래프가 편리합니다.

계산이 쉽다 104쪽

1 4 2 6 3 5 4 1 5 4, 6, 5, 1, 16

1 농구를 좋아하는 학생은 현수, 지은, 상원, 소정으로 모두 4명입니다.

2 축구를 좋아하는 학생은 동민, 아름, 준상, 민영, 수호, 준용으로 모두 6명입니다.

3 수영을 좋아하는 학생은 혜미, 주희, 미연, 민재, 지원으로 모두 5명입니다.

4 야구를 좋아하는 학생은 선미로 1명입니다.

5 좋아하는 운동별 학생 수를 세어 씁니다.

계산이 쉽다 105쪽

1 4　2 6　3 풀이 참조　4 여름

1 표를 보면 봄을 좋아하는 학생은 4명입니다.

2 표를 보면 겨울을 좋아하는 학생은 6명입니다.

3 좋아하는 계절별 학생 수

8		○		
7		○		
6		○		○
5		○		○
4	○	○		○
3	○	○		○
2	○	○	○	○
1	○	○	○	○
학생 수(명) / 계절	봄	여름	가을	겨울

4 그래프에서 ○의 개수가 가장 많은 계절을 찾으면 여름이 8명으로 가장 많은 학생들이 좋아하는 계절입니다.

계산이 쉽다 106쪽

1 4, 5, 2, 1, 12　2 풀이 참조
3 장미, 백합, 튤립, 국화　4 4

1 좋아하는 꽃별 학생 수를 세어 씁니다.

2 좋아하는 꽃별 학생 수

5		○		
4	○	○		
3	○	○		
2	○	○	○	
1	○	○	○	○
학생 수(명) / 꽃	백합	장미	튤립	국화

3 ○가 가장 많은 꽃부터 차례로 씁니다.

4 $5-1=4$(명)

계산이 쉽다 107쪽

1 풀이 참조　2 23　3 야구공　4 2

1 종류별 공의 개수

8			○	
7			○	
6		○	○	
5	○	○	○	
4	○	○	○	○
3	○	○	○	○
2	○	○	○	○
1	○	○	○	○
개수(개) / 종류	축구공	농구공	야구공	배구공

2 $5+6+8+4=23$(개)

3 공의 개수가 가장 많은 것은 야구공입니다.

4 $8-6=2$(개)

단원이 쉽다 108~110쪽

1 사이다　2 卌, 卌/, ///, /
3 5, 6, 3, 1, 15　4 15　5 19
6 풀이 참조　7 4　8 대공원　9 튤립
10 4, 5, 3, 2, 6, 20
11 예 조사한 자료별 학생 수를 알기 쉽습니다.
12 20　13 1, 4, 5, 2, 12　14 풀이 참조
15 2, 5, 1, 4, 12　16 풀이 참조
17 공놀이, 수영, 달리기, 줄넘기
18 6, 4, 3, 2, 15　19 풀이 참조　20 나비

4 (조사한 학생 수)$=5+6+3+1=15$(명)

5 $5+8+4+2=19$(명)

6 가고 싶어 하는 장소별 학생 수

8		○		
7		○		
6		○		
5	○	○		
4	○	○	○	
3	○	○	○	
2	○	○	○	○
1	○	○	○	○
학생 수(명) / 장소	동물원	대공원	식물원	왕릉

7 $8-4=4$(명)

8 가장 많은 학생들이 가고 싶어 하는 곳은 대공원입니다.

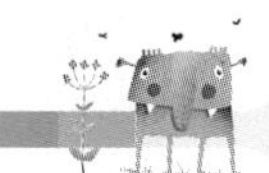

9 튤립이 6명으로 가장 많은 학생들이 좋아하는 꽃입니다.

12 (좋아하는 꽃별 학생 수의 합)
=4+5+3+2+6=20(명)

13 빠뜨리지 않게 표시하면서 세어 봅니다.

14 좋아하는 계절별 학생 수

5			○	
4		○	○	
3		○	○	
2		○	○	○
1	○	○	○	○
학생 수(명) / 계절	봄	여름	가을	겨울

16 좋아하는 운동별 학생 수

5		○		
4		○		○
3		○		○
2	○	○		○
1	○	○	○	○
학생 수(명) / 운동	달리기	공놀이	줄넘기	수영

17 그래프에서 ○가 가장 많은 운동부터 씁니다.

19 좋아하는 곤충별 학생 수

6	○			
5	○			
4	○	○		
3	○	○	○	
2	○	○	○	○
1	○	○	○	○
학생 수(명) / 곤충	나비	잠자리	사슴벌레	무당벌레

20 ○의 수가 가장 많은 나비입니다.

6단원

개념 1 덧셈표, 곱셈표에서 규칙 찾기

개념이 쉽다 114쪽

1 예 파란색 선 안에 수들은 아래쪽으로 내려갈수록 1씩 커집니다.

2 예 빨간색 선 안에 수들은 아래쪽으로 내려갈수록 3씩 커집니다.

계산이 쉽다 115쪽

1 풀이 참조 2 1 3 2 4 풀이 참조 5 3
6 7

1

+	0	1	2	3	4	5	6	7	8	9
0	0	1	2	3	4	5	6	7	8	9
1	1	2	3	4	5	6	7	8	9	10
2	2	3	4	5	6	7	8	9	10	11
3	3	4	5	6	7	8	9	10	11	12
4	4	5	6	7	8	9	10	11	12	13
5	5	6	7	8	9	10	11	12	13	14
6	6	7	8	9	10	11	12	13	14	15
7	7	8	9	10	11	12	13	14	15	16
8	8	9	10	11	12	13	14	15	16	17
9	9	10	11	12	13	14	15	16	17	18

세로줄의 수와 가로줄의 수의 합을 빈칸에 써넣습니다.

3 0, 2, 4, 6……은 2씩 커지는 규칙이 있습니다.

4

×	1	2	3	4	5	6	7	8	9
1	1	2	3	4	5	6	7	8	9
2	2	4	6	8	10	12	14	16	18
3	3	6	9	12	15	18	21	24	27
4	4	8	12	16	20	24	28	32	36
5	5	10	15	20	25	30	35	40	45
6	6	12	18	24	30	36	42	48	54
7	7	14	21	28	35	42	49	56	63
8	8	16	24	32	40	48	56	64	72
9	9	18	27	36	45	54	63	72	81

세로줄의 수와 가로줄의 수의 곱을 빈칸에 써넣습니다.

개념 2 무늬에서 규칙 찾기

116쪽

개념이 쉽다

1 원 2 △

3 (1) 풀이 참조 (2) 노란, 파란 (3) 노란

3 (1) ㉮

117쪽

문제가 쉽다

1 노란색 2 ⬠

3 (1) 풀이 참조 (2) 꽃에 ○표 4~6 풀이 참조

1 빨간색, 노란색, 노란색이 반복되는 규칙입니다.

2 삼각형, 원, 오각형, 사각형이 반복되는 규칙입니다.

3 (1) ㉮

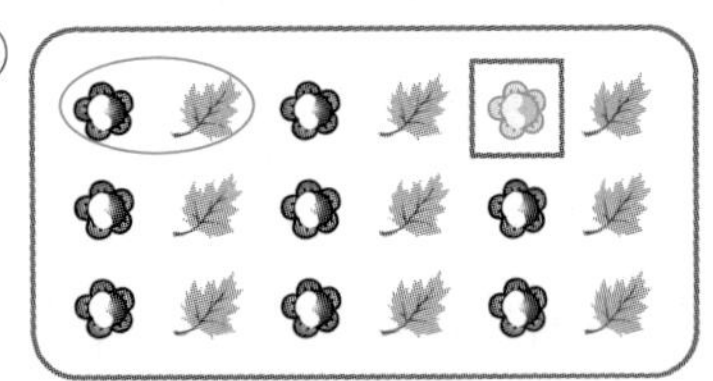

4

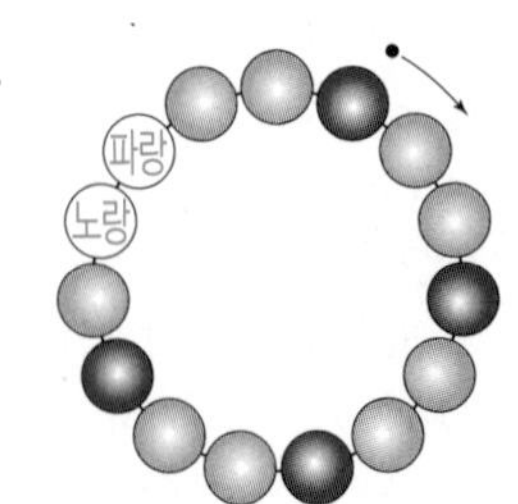

파란색 1개, 노란색 2개를 꿰는 규칙입니다.

5

1	2	3	3	1	2	3
3	1	2	3	3	1	2
3	3	1	2	3	3	1
2	3	3	1	2	3	3

6 파랑 노랑 파랑

빨강, 파랑, 노랑, 노랑이 반복되는 규칙입니다.

개념 3 어떻게 쌓았는지 규칙 찾기, 생활에서 규칙 찾기

118쪽

개념이 쉽다

1 3, 1 2 (1) 7 (2) 1

1 쌓기나무의 수가 1개씩 많아지고 있습니다.

119쪽

문제가 쉽다

1 2 2 ㉠

3 ㉮ 쌓기나무를 2개, 3개 반복해가며 쌓았습니다.

4 20 5 ㉮ 1씩 커지는 규칙이 있습니다.

6 ㉮ 1에서부터 4씩 커지는 규칙이 있습니다.

1 쌓기나무가 2개씩 많아지는 규칙입니다.

2 쌓기나무가 2개씩 많아지므로 다음에는 ㉠이 옵니다.

4 다음 주 목요일은 19일 다음 날이므로 20일입니다.

5 1, 2, 3으로 오른쪽 방향으로 갈수록 1씩 커지는 규칙이 있습니다.

6 1, 5, 9로 4씩 커지는 규칙이 있습니다.

120쪽

계산이 쉽다

1 1 2 2 3 6 4~7 풀이 참조

3 $4+2=2+4=6$입니다.

4

+	3	4	5	6
3	6	7	8	9
4	7	8	9	10
5	8	9	10	11
6	9	10	11	12

5

+	0	2	4	6
0	0	2	4	6
2	2	4	6	8
4	4	6	8	10
6	6	8	10	12

6

+	4	5	6	7	8	9
4	8	9	10	11	12	13
5	9	10	11	12	13	14
6	10	11	12	13	14	15
7	11	12	13	14	15	16
8	12	13	14	15	16	17
9	13	14	15	16	17	18

7

+	2	4	6	8	10	12
2	4	6	8	10	12	14
4	6	8	10	12	14	16
6	8	10	12	14	16	18
8	10	12	14	16	18	20
10	12	14	16	18	20	22
12	14	16	18	20	22	24

계산이 쉽다 121쪽

1 2　2 4　3 12　4~7 풀이 참조

4

×	3	4	5	6
3	9	12	15	18
4	12	16	20	24
5	15	20	25	30
6	18	24	30	36

5

×	2	4	6	8
2	4	8	12	16
4	8	16	24	32
6	12	24	36	48
8	16	32	48	64

6

×	1	3	5	7	9
1	1	3	5	7	9
3	3	9	15	21	27
5	5	15	25	35	45
7	7	21	35	49	63
9	9	27	45	63	81

7

×	5	6	7	8	9
5	25	30	35	40	45
6	30	36	42	48	54
7	35	42	49	56	63
8	40	48	56	64	72
9	45	54	63	72	81

계산이 쉽다 122쪽

(위에서부터)1 ●, ★　2 ♥, ★　3 ◆, ▶
4 ◇, ◎
5 예 빨간색, 노란색 꽃이 반복되는 규칙입니다.
6 예 빨간색, 주황색, 연두색 하트 모양이 반복되는 규칙입니다.

1 ★와 ●가 반복되는 규칙입니다.
2 ♥와 ★가 반복되는 규칙입니다.
3 ▲, ◆, ▶가 반복되는 규칙입니다.
4 ◇, ◎, ▽가 반복되는 규칙입니다.

계산이 쉽다

123쪽

1 9　2 26

3 예 아래쪽으로 한 칸씩 이동할 때마다 6씩 커지는 규칙이 있습니다. 6의 단 곱셈구구입니다.

4 예 5씩 커지는 규칙이 있습니다.

1 둘째 줄에 있는 번호는 7번, 8번, 9번, 10번, 11번, 12번입니다. 따라서 둘째 줄, 셋째 칸에 있는 민지의 사물함은 9번입니다.

2 다섯째 줄에 있는 번호는 25번, 26번, 27번, 28번, 29번, 30번입니다. 따라서 다섯째 줄, 둘째 칸에 있는 정우의 사물함은 26번입니다.

3 파란색 선 안에 있는 번호들은 6번, 12번, 18번, 24번, 30번입니다. 이 번호들은 아래쪽으로 내려갈수록 6씩 커집니다.
6의 단 곱셈구구입니다.

4 빨간색 선 안에 있는 번호들은 6번, 11번, 16번, 21번, 26번으로 5씩 커집니다.

단원이 쉽다

124~126쪽

1 풀이 참조

2 예 7부터 1씩 커지는 규칙이 있습니다.

3 예 4부터 2씩 커지는 규칙이 있습니다.

4 풀이 참조　5 예 5씩 커집니다.　6 28

7 풀이 참조　8 지우개

9 예 수박, 복숭아, 복숭아, 바나나가 반복되어 놓여져 있습니다.　10 풀이 참조

11 예 하늘색, 노란색이 반복되는 규칙입니다.

12~13 풀이 참조　14 1　15 5　16 26

17 수요일　18 풀이 참조　19 ②

20 예 아래로 갈수록 3씩 커지는 규칙이 있습니다.

1

+	2	3	4	5	6
2	4	5	6	7	8
3	5	6	7	8	9
4	6	7	8	9	10
5	7	8	9	10	11
6	8	9	10	11	12

4

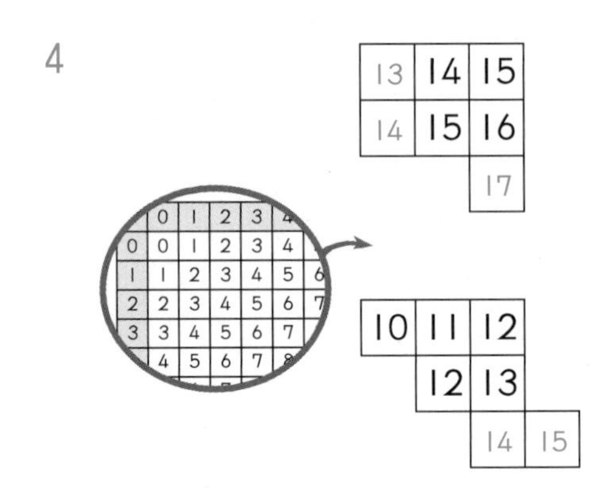

6 $4\times7=7\times4=28$

7

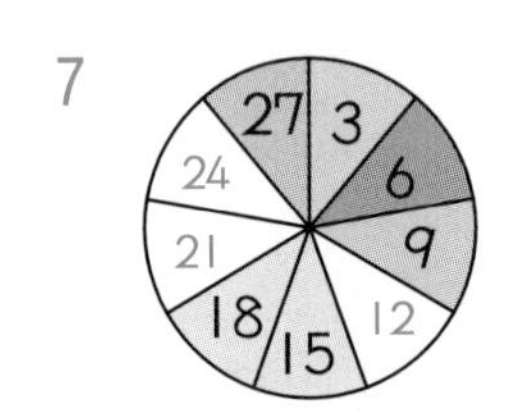

3의 단 곱셈구구입니다.

10

12

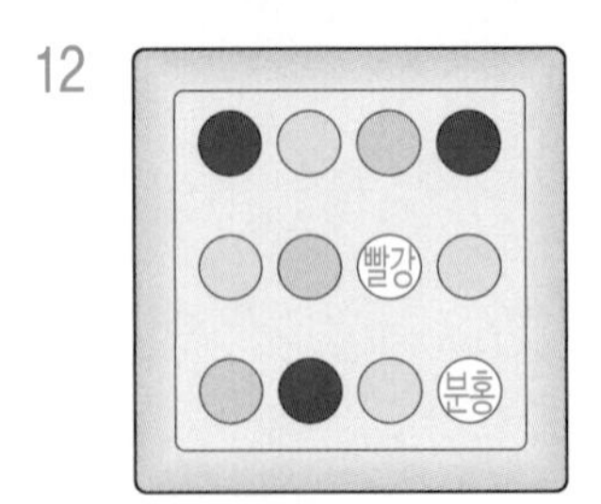

빨강, 노랑, 분홍색이 반복됩니다.

13

1	2	3	1
2	3	1	2
3	1	2	3

1, 2, 3이 반복되는 규칙으로 써넣습니다.

15 쌓기나무가 1개씩 늘어나므로 네 번째에는 세 번째보다 1개 더 많은 5개입니다.

16 5+7+7+7=26(일)

17 14−7=7(일)이므로 7일과 같은 수요일입니다.

18

×	3	4	5	6
6	18	24	30	36
5	15	20	25	30
4	12	16	20	24
3	9	12	15	18

19 ★●▲가 반복되는 규칙입니다.

워크북

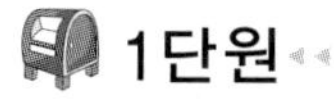

1단원

쉬운 개념 체크 3쪽

1 (1) 600, 육백 (2) 1000, 천 2 700, 1000
3 풀이 참조
4 (1) 100 (2) 700 (3) 600 (4) 500
5 100 6 400 7 300

2 400부터 1000까지 세어 씁니다.

3 예

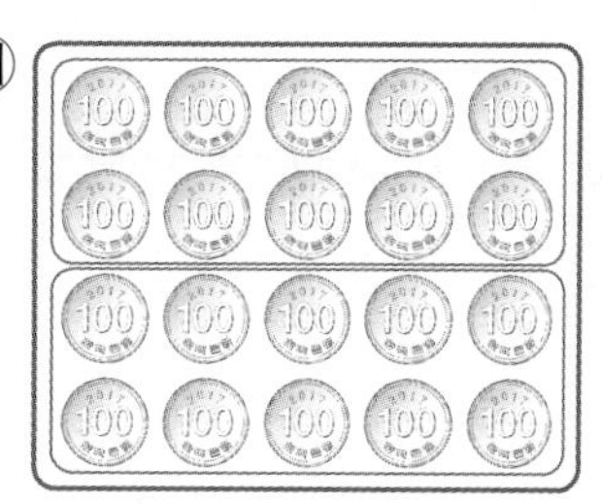

100원짜리 동전이 10개이면 1000원입니다.

6 600원을 가지고 있으므로 1000원이 되려면 400원이 더 있어야 합니다.

7 700과 300을 모으면 1000이 됩니다.

쉬운 개념 체크 4쪽

1 7000 2 3000 3 6000 4 오천
5 (1) 8000 (2) 7 (3) 9
6 (1) 1000 (2) 9000

1 1000이 7개이므로 7000을 나타냅니다.

2 1000이 3개이므로 3000을 나타냅니다.

3 육천 → 6천 → 6000

4 5000 → 5천 → 오천

5 (1) 1000이 ▲개 → ▲000
(2) ▲000 → 1000이 ▲개

6 (1) 100이 10개이면 1000입니다.
(2) 1000이 9묶음이므로 9000입니다.

정답 및 풀이

쉬운 개념 체크 5쪽

1 (위에서부터) ㉡, ㉥, ㉣, ㉤, ㉠　2 1349
3 7000, 3, 300, 6　4 5000　5 2847, 5048
6 5　7 (　)(○)

2 천의 자리부터 숫자를 차례로 쓰면 1349가 됩니다.

3 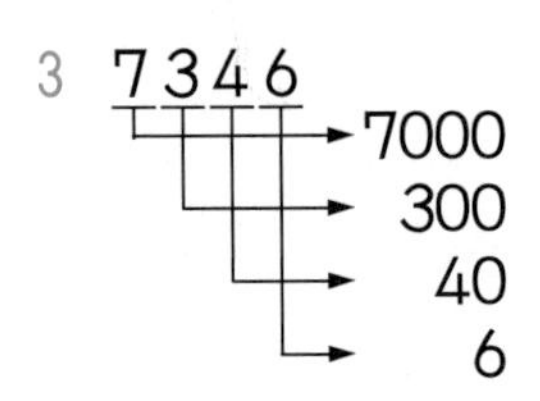

4 천의 자리 숫자는 5이고 5000을 나타냅니다.

5 십의 자리 숫자가 4인 수를 찾습니다.

6 ㉠=3, ㉡=2 → 3+2=5

7 8031에서 3은 십의 자리 → 30
6328에서 3은 백의 자리 → 300

쉬운 개념 체크 6쪽

1 4945, 6945　2 3540, 3550
3 4718, 5018　4 5612, 5512
5 8024, 7824　6 100씩　7 5800　8 4020
9 1000씩

1 천의 자리 숫자가 1씩 커지므로 1000씩 뛰어 세기를 한 것입니다.

2 십의 자리 숫자가 1씩 커지므로 10씩 뛰어서 센 것입니다.

3 백의 자리 숫자가 1씩 커지므로 100씩 뛰어서 센 것입니다.

4 100씩 거꾸로 뛰어 세면 백의 자리 숫자가 1씩 작아집니다.

6 백의 자리 숫자가 1씩 커지므로 100씩 뛰어 세기를 한 것입니다.

7 100씩 8번 뛰어 세어 봅니다.
5100 − 5200 − 5300 − 5400 − 5500 − 5600 − 5700 − 5800

8 수직선에서 한 칸의 크기는 10입니다.
➡ 4000 − 4010 − [4020]

9 2번 뛰어 셀 때 2000이 커지므로 1000씩 뛰어 세기를 한 것입니다.

쉬운 개념 체크 7쪽

1 (1) 예 6573<7625　(2) 예 7208>5492
2 (1) >　(2) >　3 ㉠, ㉣, ㉢, ㉡
4 (1) 8431　(2) 1348　5 은주　6 수경

2 (1) 천의 자리 숫자의 크기를 비교합니다.
(2) 십의 자리 숫자의 크기를 비교합니다.

3 천, 백, 십, 일의 자리 숫자를 차례로 비교합니다.

4 (1) 천의 자리부터 큰 숫자를 순서대로 놓습니다.

5 천의 자리 숫자를 비교하면 5>4이므로 은주가 세라보다 성금을 더 많이 모았습니다.

6 6802>6789
→ 수경이가 종근이보다 더 많이 걸었습니다.

2단원

쉬운 개념 체크 8쪽

1 3　2 4, 6, 8, 10, 12　3 (1) 4, 20　(2) 5, 25
4 (1) 20　(2) 15　(3) 35　(4) 30　5 ㉠ 3　㉡ 5
6 5×8=40, 40

1 2송이씩 3묶음 → 2×3=6

2 곱하는 수가 1 커지면 곱은 2 커집니다.

3 (1) 5칸씩 4번 뛴 수 → $5\times4=20$
(2) 5칸씩 5번 뛴 수 → $5\times5=25$

4 5의 단 곱셈구구를 외워서 곱을 구합니다.

5 $2\times$㉠$=6$, ㉠$=3$
㉡$\times4=20$, ㉡$=5$

6 5개씩 8접시 → $5\times8=40$(개)

7 8과 가운데 수와의 곱을 바깥쪽에 씁니다.
㉠ $8\times4=32$ ㉡ $8\times9=72$ ㉢ $8\times7=56$
㉣ $8\times3=24$ ㉤ $8\times2=16$

8 8개씩 5봉지 → $8\times5=40$(개)

쉬운 개념 체크 9쪽

1 6, 12, 15, 21, 24, 27 2 (1) 18 (2) 8
3 $3\times6=18$, 18 4 3, 18
5 (1) 12 (2) 30 (3) 8 (4) 7
6 6, 12, 18, 24에 ○표 7 $6\times7=42$, 42

1 곱하는 수가 1 커지면 곱은 3 커집니다.

3 3시간씩 6일 → $3\times6=18$(시간)

4 구슬이 6개씩 3주머니 → $6\times3=18$

5 6의 단 곱셈구구를 외워서 곱을 구합니다.

6 $6\times1=6$, $6\times2=12$, $6\times3=18$, $6\times4=24$

7 6개씩 7마리 → $6\times7=42$(개)

쉬운 개념 체크 10쪽

1 6, 24 2 (1) 20 (2) 28 (3) 36 3 12, 16
4 4 5 $4\times5=20$, 20 6 7, 56
7 ㉠ 32 ㉡ 72 ㉢ 56 ㉣ 24 ㉤ 16 8 40

1 4씩 6묶음 → $4\times6=24$

2 4의 단 곱셈구구를 외워서 곱을 구합니다.

3 $4\times3=12$, $4\times4=16$

4 4의 단 곱셈구구에서는 곱하는 수가 1 커지면 곱은 4 커집니다.

5 4명씩 5칸 → $4\times5=20$(명)

6 꽃잎이 8장씩 7송이 → $8\times7=56$

쉬운 개념 체크 11쪽

1 3, 21 2 (1) 42 (2) 9
3 ㉠ 28 ㉡ 63 ㉢ 35 4 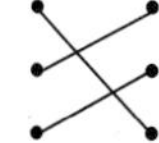 5 5, 7
6 $7\times9=63$, 63

1 7개씩 3묶음입니다. → $7\times3=21$

2 (2) $7\times\square=63$이 되는 $\square=9$입니다.

3 7과 가운데 수와의 곱을 바깥쪽에 씁니다.
㉠ $7\times4=28$ ㉡ $7\times9=63$ ㉢ $7\times5=35$

4 $7\times4=28$
$7\times8=56$
$7\times7=49$

5 7×5는 7을 5번 더한 수이고, 7×4에 7을 더한 수입니다.

6 7개씩 9상자 → $7\times9=63$(개)

쉬운 개념 체크 12쪽

1 (1) 54 (2) 27 (3) 72 2 ㉠
3 (1) 2, 18 (2) 3, 27 4 (1) 18, 63 (2) 27, 72
5 6, 5, 4 6 $9\times3=27$, 27

1 9의 단 곱셈구구를 외워서 곱을 구합니다.

2 ㉡ $9\times6=54$

3 (1) 9 cm로 2번이므로 $9\times2=18$(cm)입니다.
(2) 9 cm로 3번이므로 $9\times3=27$(cm)입니다.

5 $9\times6=54$

6 9명씩 3모둠 → $9\times3=27$(명)

13쪽

쉬운 개념 체크

1 7, 7　2 풀이 참조　3 (1) 0　(2) 0　(3) 1　(4) 1
4 0　5 6　6 (1) 19　(2) 18　(3) 민우

2

×	1	2	3	4	5	6	7	8	9
0	0	0	0	0	0	0	0	0	0
1	1	2	3	4	5	6	7	8	9

$0\times$(어떤 수)$=0$, (어떤 수)$\times 0=0$,
$1\times$(어떤 수)=(어떤 수), (어떤 수)$\times 1$=(어떤 수)

3 (1) (어떤 수)$\times 0=0$
(2) $0\times$(어떤 수)$=0$
(3) $1\times$(어떤 수)=(어떤 수)
(4) (어떤 수)$\times 1$=(어떤 수)

4 0과 어떤 수의 곱은 항상 0입니다.

5 1잔씩 6일 → $1\times 6=6$(잔)

6 (1) $(3\times 3)+(2\times 4)+(1\times 2)+(0\times 1)$
$=9+8+2+0=19$(점)
(2) $(3\times 2)+(2\times 4)+(1\times 4)+(0\times 0)$
$=6+8+4+0=18$(점)
(3) $19>18$이므로 민우가 1점 더 높은 점수를 얻었습니다.

14쪽

쉬운 개념 체크

1 3씩　2 6씩　3~4 풀이 참조
5 3×6, 9×2, 2×9　6 (1) 3　(2) 8
7 예 8씩 커지는 규칙입니다.　8 8, 6, 48

3~4

×	1	2	3	4	5	6	7	8	9
1	1	2	3	4	5	6	7	8	9
2	2	4	6	8	10	12	14	16	18
3	3	6	9	12	15	18	21	24	27
4	4	8	12	16	20	24	28	32	36
5	5	10	15	20	25	30	35	40	45
6	6	12	18	24	30	36	42	48	54
7	7	14	21	28	35	42	49	56	63
8	8	16	24	32	40	48	56	64	72
9	9	18	27	36	45	54	63	72	81

4 $2\times 7=14$와 $7\times 2=14$에 색칠합니다.

5 $6\times 3=18$이고 $3\times 6=18$, $9\times 2=18$, $2\times 9=18$도 곱이 같습니다.

6 곱셈에서는 곱하는 두 수를 서로 바꾸어 곱해도 곱은 같습니다.

8 $6\times 8=48$이고, 곱이 48인 것을 찾아 보면 $8\times 6=48$입니다.

15쪽

쉬운 개념 체크

1 $3\times 4=12$, 12　2 $7\times 4=28$, 28
3 $9\times 3=27$, $3\times 9=27$　4 $8\times 4=32$, 32
5 $7\times 5=35$, 35　6 $9\times 4=36$, 36　7 30

1 3송이씩 4묶음 → $3\times 4=12$

3 9대씩 3줄 또는 3대씩 9줄은 27입니다.

4 8개씩 4줄 → 8의 4배 → $8\times 4=32$

5 7명씩 5줄 → 7의 5배 → $7\times 5=35$

6 9개씩 4송이 → 9의 4배 → $9\times 4=36$(개)

7 보를 내었을 때 한 명이 펼친 손가락 수는 5개이므로 모두 $5\times 6=30$(개)입니다.

3단원

쉬운 개념 체크 16쪽

1 6 미터 47 센티미터
2 (1) 9 (2) 7, 45 (3) 307 3 (1) = (2) >
4 (1) cm (2) m (3) m (4) cm 5 ㉡
6 130 7 선주

1 길이를 읽을 때에는 숫자를 먼저 읽고 단위를 읽습니다.

2 (1) 100 cm는 1 m이므로 900 cm=9 m
(2) 745 cm=700 cm+45 cm
=7 m+45 cm=7 m 45 cm
(3) 3 m 7 cm=3 m+7 cm
=300 cm+7 cm=307 cm

3 (1) 5 m 4 cm=504 cm
(2) 5 m 24 cm=524 cm이므로
540 cm > 524 cm

4 100 cm=1 m이므로 100 cm가 넘는 길이는 m 단위를 사용하는 것이 편리합니다.

5 1 m보다 긴 물건의 길이는 줄자와 같이 긴 자로 재는 것이 알맞습니다.

6 1 m=100 cm이므로
1 m+30 cm=100 cm+30 cm=130 cm

7 1 m 38 cm=138 cm이므로
138 cm > 129 cm입니다.
따라서 1 m 38 cm인 선주의 키가 더 큽니다.

쉬운 개념 체크 17쪽

1 8, 58 2 5, 63 3 9, 85 4 (1) < (2) <
5 8, 85 6 678 7 1, 29

1 5 m+3 m=8 m, 37 cm+21 cm=58 cm

2 3 m+2 m=5 m, 28 cm+35 cm=63 cm

3 4 m 53 cm+5 m 32 cm
=(4 m+5 m)+(53 cm+32 cm)
=9 m+85 cm
=9 m 85 cm

4 (1) 2 m 25 cm+3 m 44 cm
=5 m 69 cm=569 cm
→ 569 cm < 570 cm
(2) 335 cm+8 m 23 cm
=3 m 35 cm+8 m 23 cm
=11 m 58 cm
→ 11 m 58 cm < 12 m

5 540 cm+3 m 45 cm
=5 m 40 cm+3 m 45 cm
=(5 m+3 m)+(40 cm+45 cm)
=8 m 85 cm

6 (두 사람이 가지고 있는 철사의 길이)
=2 m 16 cm+4 m 62 cm
=6 m+78 cm
=600 cm+78 cm
=678 cm

7 상자를 두르는 데 필요한 끈의 길이 :
38 cm+9 cm+38 cm+9 cm=94 cm
(상자를 묶는 데 필요한 끈의 길이)
=94 cm+35 cm=129 cm=1 m 29 cm

쉬운 개념 체크 18쪽

1 3, 42 2 7, 32 3 5, 41 4 7, 51
5 2, 41 6 > 7 2, 42 8 재영, 1, 15

1 8 m−5 m=3 m, 72 cm−30 cm=42 cm

2 13 m−6 m=7 m, 59 cm−27 cm=32 cm

3 9 m 77 cm−4 m 36 cm
=(9 m−4 m)+(77 cm−36 cm)
=5 m+41 cm=5 m 41 cm

4 $12\text{ m }82\text{ cm}-531\text{ cm}$
$=12\text{ m }82\text{ cm}-5\text{ m }31\text{ cm}$
$=7\text{ m }51\text{ cm}$

5 $587\text{ cm}-3\text{ m }46\text{ cm}$
$=5\text{ m }87\text{ cm}-3\text{ m }46\text{ cm}$
$=2\text{ m }41\text{ cm}$

6 $764\text{ cm}-5\text{ m }32\text{ cm}$
$=7\text{ m }64\text{ cm}-5\text{ m }32\text{ cm}$
$=(7\text{ m}-5\text{ m})+(64\text{ cm}-32\text{ cm})$
$=2\text{ m }32\text{ cm}$
$\rightarrow 2\text{ m }32\text{ cm}>2\text{ m }30\text{ cm}$

7 $5\text{ m }67\text{ cm}>3\text{ m }25\text{ cm}$이므로
(빨간색 테이프의 길이)−(노란색 테이프의 길이)
$=5\text{ m }67\text{ cm}-3\text{ m }25\text{ cm}$
$=2\text{ m }42\text{ cm}$

8 $5\text{ m }43\text{ cm}<6\text{ m }58\text{ cm}$이므로 재영이가
$6\text{ m }58\text{ cm}-5\text{ m }43\text{ cm}=1\text{ m }15\text{ cm}$
더 멀리 던졌습니다.

19쪽

쉬운 개념 체크

1 ㉡ 2 예 ㉣ 3 2 4 3 5 3 6 2, 40
7 (1) 120 cm (2) 7 m

2 ㉠으로도 잴 수 있습니다.

3 1 m로 2번 정도이므로 약 2 m입니다.

6 $80\text{ cm}+80\text{ cm}+80\text{ cm}=240\text{ cm}$이므로
약 2 m 40 cm로 어림할 수 있습니다.

4단원

20쪽

쉬운 개념 체크

1 풀이 참조 2 (1) 10, 11 (2) 5 (3) 10, 25
3 (1) 5 (2) 6 4 7, 25 5 3, 45 6 12, 10
7 8, 20

1 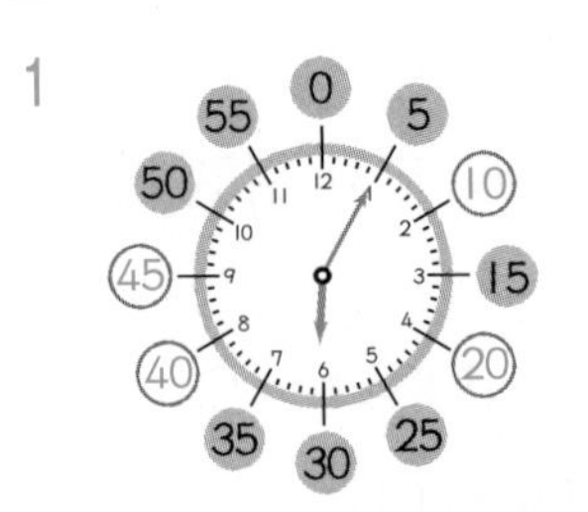

2 짧은바늘이 숫자 10과 11 사이를 가리키면 10시 몇 분이고, 긴바늘이 숫자 5를 가리키면 25분입니다. → 10시 25분

3 시계의 긴바늘이 가리키는 숫자 눈금 한 칸은 5분을 나타냅니다.

4 숫자 눈금 한 칸은 5분을 나타냅니다.

6 짧은바늘이 숫자 12와 1 사이에 있으므로 12시이고, 긴바늘이 숫자 2를 가리키므로 10분입니다.

7 짧은바늘이 숫자 8과 9 사이를 가리키면 8시 몇 분이고, 긴바늘이 숫자 4를 가리키면 20분입니다. → 8시 20분

21쪽

쉬운 개념 체크

1 분에 ○표 2 (1) 1, 34 (2) 9, 23 3 6, 48
4 5, 6, 3 5~6 풀이 참조

1 긴바늘이 가리키는 작은 눈금 한 칸은 1분을 나타냅니다.

2 (1) 짧은바늘이 1과 2 사이를 가리키고 긴바늘이 6에서 작은 눈금 4칸을 더 간 곳을 가리키므로 1시 34분입니다.

(2) 짧은바늘이 9와 10 사이를 가리키고 긴바늘이 4에서 작은 눈금 3칸을 더 간 곳을 가리키므로 9시 23분입니다.

3 짧은바늘이 6과 7 사이를 가리키면 6시 몇 분이고 긴바늘이 9에서 작은 눈금 3칸을 더 간 곳을 가리키면 48분입니다. 따라서 연정이가 본 시각은 6시 48분입니다.

4 23분은 20분에서 3분 더 지난 시각이므로 긴바늘이 숫자 눈금 4에서 작은 눈금 3칸 더 간 곳을 가리킵니다.

5 

긴바늘이 숫자 5에서 작은 눈금 3칸 더 간 곳을 가리키도록 그립니다.

6 

저녁밥 먹기 일기 쓰기

쉬운 개념 체크

22쪽

1 (1) 10 (2) 8, 45 2 5, 5 3 35
4~5 풀이 참조 6 40 7 2, 55

1 (1) 7시 50분에서 10분 더 지나면 8시입니다.
(2) 8시 45분에서 15분 더 지나면 9시입니다.

2 5분 더 지나면 5시이므로 5시 5분 전이라고 읽습니다.

3 긴바늘이 숫자 눈금을 7칸 움직였으므로 35분 걸렸습니다.

4 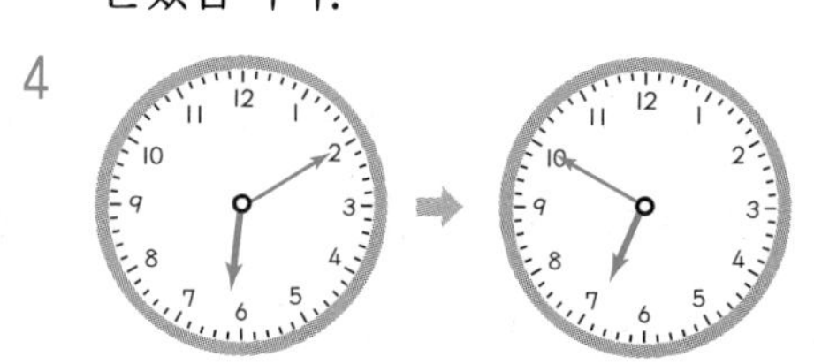

• 시작한 시각 : 짧은바늘은 6과 7 사이를, 긴바늘은 숫자 2를 가리키게 그립니다.
• 끝낸 시각 : 짧은바늘은 6과 7 사이를, 긴바늘은 숫자 10을 가리키게 그립니다.

5 6시 10분 20분 30분 40분 50분 7시

6 긴바늘이 숫자 눈금 8칸을 움직였으므로 40분 걸렸습니다.

7 1시 45분 —1시간 10분 후→ 2시 55분

쉬운 개념 체크

23쪽

1 (1) 오전, 오후 (2) 24 2 오전, 10 ; 오후, 1, 30
3 (1) 2, 4 (2) 39 4 풀이 참조 5 2 6 12
7 동윤

1 하루는 오전 12시간과 오후 12시간으로 모두 24시간입니다.

2 아침 10시는 출발한 시각이고, 낮 12시가 지나 도착한 시각은 오후입니다.

3 (1) 52시간=24시간+24시간+4시간
=2일 4시간
(2) 1일 15시간=24시간+15시간=39시간

4 12 1 2 3 4 5 6 7 8 9 10 11 12
1 2 3 4 5 6 7 8 9 10 11 12
←12시간(오전)→|←12시간(오후)→
←24시간→

5 시간 띠에 2칸 색칠했으므로 2시간 공부했습니다.

6 하루는 24시간이므로 소율이가 오늘 집에 있었던 시간은 24−8−4=12(시간)입니다.

7 동윤 : 1일 6시간=24시간+6시간=30시간
주현 : 28시간

24쪽

쉬운 개념 체크

1 7　2 18　3 금요일　4 목요일
5 30, 31, 31, 31　6 월요일　7 2
8 (1) 1, 3　(2) 23　(3) 23　(4) 2, 3

1 같은 요일은 7일마다 반복됩니다.
2 세 번째 일요일은 첫 번째 일요일부터 2주일 후이므로 4+7+7=11+7=18(일)입니다.
3 23일은 23−7=16(일), 16−7=9(일)과 같은 요일이므로 금요일입니다.
4 25−7=18, 18−7=11, 11−7=4(일)과 같은 요일이므로 목요일입니다.
5 8월, 10월, 12월은 31일까지 있습니다.
6 1일이 금요일이므로 8일, 15일, 22일도 금요일입니다. 따라서 25일은 금요일에서 3일 지난 월요일입니다.
7 2월은 28일 또는 29일까지 있으므로 1년 중 날수가 가장 적습니다.
8 (1) 10일=7일+3일=1주일+3일
(2) 3주일 2일=7일+7일+7일+2일=23일
(3) 1년 11개월=12개월+11개월=23개월
(4) 27개월=12개월+12개월+3개월
=2년 3개월

5단원

25쪽

쉬운 개념 체크

1 농구　2 ///, //, ////, ///
3 3, 2, 4, 3, 12　4 축구　5 30　6 강아지
7 6　8 15

3 운동별로 좋아하는 학생 수를 정확히 세어 씁니다.
4 축구를 좋아하는 학생이 4명으로 가장 많습니다.
5 (좋아하는 동물별 학생 수의 합)
=11+5+8+6
=30(명)
6 강아지를 좋아하는 학생이 11명으로 가장 많습니다.
7 강아지를 좋아하는 학생 수 : 11명
고양이를 좋아하는 학생 수 : 5명
→ 11−5=6(명)
8 맑은 날은 31−5−3−8=15(일)입니다.

26쪽

쉬운 개념 체크

1 5, 4, 6, 3, 18　2 풀이 참조
3 지우개, 공책, 연필, 자　4 23　5 풀이 참조
6 예 좋아하는 색깔별로 학생 수의 많고 적음을 한눈에 알 수 있습니다.

1 학용품의 종류별로 수를 세어 씁니다.
2

6			○	
5	○		○	
4	○	○	○	
3	○	○	○	○
2	○	○	○	○
1	○	○	○	○
개수(개) / 학용품	공책	연필	지우개	자

표를 보고 그 수만큼 ○를 그립니다.
3 그래프에서 ○의 개수가 많을수록 학용품의 개수가 많은 것입니다.
4 (좋아하는 색깔별 학생 수의 합)
=4+5+8+6=23(명)
5

8			○	
7			○	
6			○	○
5		○	○	○
4	○	○	○	○
3	○	○	○	○
2	○	○	○	○
1	○	○	○	○
학생 수(명) / 색깔	빨강	노랑	파랑	초록

표를 보고 그 수만큼 ○를 그립니다.

27쪽

쉬운 개념 체크

1 8, 6, 2, 4, 20　2 풀이 참조　3 5, 3, 2, 1
4 주희　5 풀이 참조

1 주스별로 학생 수를 세어 빈칸에 알맞게 씁니다.

2

8	○			
7	○			
6	○	○		
5	○	○		
4	○	○		○
3	○	○		○
2	○	○	○	○
1	○	○	○	○
학생 수(명) / 주스	오렌지	포도	토마토	사과

좋아하는 주스별 학생 수만큼 ○를 그립니다.

3 조사표를 보고 ○의 개수를 세어 적습니다.

4 5번 중에서 5번을 모두 넣은 주희입니다.

5

이름 / 횟수	1번	2번	3번	4번	5번
주희	○	○	○	○	○
영혜	○	○	○		
설희	○	○			
유영	○				

모래주머니넣기 성적표를 보고 넣은 횟수만큼 ○를 그립니다.

6단원

28쪽

쉬운 개념 체크

1 풀이 참조　2 ㉮ 2부터 2씩 커집니다.
3 ㉮ 1씩 커집니다.　4 풀이 참조　5 풀이 참조
6 ㉮ 4씩 커지는 규칙입니다.　7 풀이 참조
8 ㉮ 아래쪽으로 갈수록 2씩 커집니다.

1

+	1	2	3	4
1	2	3	4	5
2	3	4	5	6
3	4	5	6	7
4	5	6	7	8

오른쪽이나 아래쪽으로 한 칸씩 이동할 때마다 1씩 커집니다.

2 2, 4, 6, 8로 2씩 커집니다.

4

13	14	15
14	15	16
		17

	9	10	
9	10	11	12
	11		13

5

+	2	4	6	8
2	4	6	8	10
4	6	8	10	12
6	8	10	12	14
8	10	12	14	16

오른쪽으로 한 칸씩 이동할 때마다 2씩 커지고, 아래쪽으로 한 줄씩 이동할 때마다 2씩 커집니다.

6 선 안에 있는 수들은 4, 8, 12, 16으로 4씩 커지는 규칙입니다.

7

+	2	4	6	8
5	7	9	11	13
7	9	11	13	15
9	11	13	15	17
11	13	15	17	19

8 오른쪽, 아래쪽으로 갈수록 2씩 커지는 규칙이 있습니다.

정답 및 풀이

29쪽

쉬운 개념 체크

1 48 2 16, 32, 24 3 예 12씩 커집니다.
4 풀이 참조 5 예 2부터 2씩 커집니다. 6 15
7 풀이 참조

1 $8\times6=48$

4

×	2	3	4	5	6
2	4	6	8	10	12
3	6	9	12	15	18
4	8	12	16	20	24
5	10	15	20	25	30
6	12	18	24	30	36

6 $3\times5=5\times3=15$

7

		49	56
	48	56	64
45	54		

36		48
42	49	56
	56	

30쪽

쉬운 개념 체크

1 ● 2 ◆ 3 풀이 참조 4 ①
5 예 1개씩 늘어나는 규칙입니다. 6 10

1 사각형과 원이 반복되면서 각각 1개씩 늘어나는 규칙입니다.

2 ▲, ♥, ◆, ▲이 반복되는 규칙입니다.

3

1	2	3	1	2	3	1
2	3	1	2	3	1	2
3	1	2	3	1	2	3
1	2	3	1	2	3	1

빨간색, 노란색, 파란색이 반복되는 규칙이므로 1, 2, 3이 반복됩니다.

4 시계 방향으로 한 칸씩 건너 뛰며 색칠되는 규칙입니다.

6 쌓기나무가 1개씩 늘어나는 규칙이므로 네 번째 모양은 세 번째에서 1개 늘어난 10개입니다.

31쪽

쉬운 개념 체크

1 예 목요일에 있는 수는 7씩 커집니다.
2 예 가로로 1씩 커지는 규칙이 있습니다.
3 18
4 예 위아래로 7번씩 차이가 납니다.
왼쪽에서 오른쪽으로 갈수록 1번씩 커집니다.
5 예 시곗바늘이 1시간씩 움직이는 규칙입니다.
6 예 가로로 1씩 커집니다.
아래로 갈수록 3씩 커집니다.

3 1주일은 7일이므로 첫 번째 토요일은 4일, 두 번째 토요일은 $4+7=11$(일), 세 번째 토요일은 $11+7=18$(일)입니다.

나에게 쓰는 편지

나에게 쓰는 편지

정답 및 풀이